农产品中常见农药

及其残留分析

主　编　薛　丽
副主编　冯彩平　冯谈林

中国农业科学技术出版社

图书在版编目（CIP）数据

农产品中常见农药及其残留分析 / 薛丽主编 . --北京：中国农业科学技术出版社，2022.8

ISBN 978-7-5116-5811-1

Ⅰ.①农…　Ⅱ.①薛…　Ⅲ.①农产品-农药残留-残留量测定-中国　Ⅳ.①S481

中国版本图书馆 CIP 数据核字（2022）第 114076 号

责任编辑	崔改泵　周丽丽
责任校对	李向荣
责任印制	姜义伟　王思文

出 版 者	中国农业科学技术出版社
	北京市中关村南大街 12 号　　邮编：100081
电　　话	（010）82109194（编辑室）　　（010）82109702（发行部）
	（010）82109709（读者服务部）
网　　址	https://www.castp.cn
经 销 者	各地新华书店
印 刷 者	北京建宏印刷有限公司
开　　本	170 mm×240 mm　1/16
印　　张	11.5
字　　数	210 千字
版　　次	2022 年 8 月第 1 版　2022 年 8 月第 1 次印刷
定　　价	60.00 元

前　言

  中国是农业大国、人口大国，农产品质量安全是重中之重，关系到国计民生。国家为保障农产品质量安全，维护人民身体健康，促进农业良性发展，于2006年11月1日起执行《中华人民共和国农产品质量安全法》。农产品包括的范围极广，我们生活中日常需求量最大的除了米面粮油外，就是给我们提供丰富维生素C以及各种微量元素、多种矿物质和膳食纤维的蔬菜水果。想在有限的可利用的土地上满足我国人口的吃饭问题，只有通过提高农产品产量。提高农产品产量目前来说离不开农药的使用，所以保障农产品质量安全的一个重要因素就是农产品生产中农药的使用以及收获后农药残留数值的监测。在当前生产环境下，由于对农药认识和使用缺乏科学性，还有一些农业生产者在喷洒农药时，在剂量上控制不严谨，没有严格按使用说明进行作业，从而导致超量使用农药或未遵守安全间隔期的规定，致使生产出来的农产品农药残留超标，引发农产品质量安全问题。这些农药残留超标的农产品一旦销售流通到消费者手中，可能会造成消费者身体健康的损害。对于一些高毒性农药或者国家严禁使用的农药，因为它们具有毒性强、不易降解等特点，如果农业生产者在不知情的情况下非法使用了此类药物，可能会对广大消费者造成不可逆的危害。影响农产品质量安全因素中的农药残留超标占据了很大的风险概率。施用农药是提高农产品产量最重要的因素之一，而农药具有毒性大、不易降解、易富集等特点，所以农药残留监测一直是农业部门的重要工作之一。农药残留是在农业生产中施用农药后一部分农药直接或间接残存于谷物、蔬菜、果品、畜产品、水产品中以及土壤和水体中的现象，是农药使用后一个时期内没有被分解而残留于生物体、收获物、土壤、水体、大气中的微量农药原体、有毒代谢物、降解物和杂质的总称，残存的数量称残留量，以每千克样品中有多少毫克、微克或者纳克表示（mg/kg、μg/kg、ng/kg）。目前农产品农药残留监测应用的检测技术主要有气相色谱法、气相色谱–质谱联用法、液相色谱法、液相色谱–质谱联用法、薄层色谱法、酶抑制法、免疫分析法。检测方法主要有《蔬菜和水果中有机磷、有机氯、拟除虫菊酯和氨基甲酸酯类农药多残留的测定》（NY/T 761—2008）、《水果和蔬菜中500种农药及相关化学品残留量的测

定（气相色谱-质谱法）》（GB 23200.8—2016）、《水果和蔬菜中 450 种农药
及相关化学品残留量的测定（液相色谱-串联质谱法）》（GB/T 20769—
2008）、《蔬菜水果中甲基托布津、多菌灵的测定》（GB/T 5009.188—2003）、
《蔬菜水果中多菌灵等 4 种苯并咪唑类农药残留量的测定（高效液相色谱法）》
（NY/T 1680—2009）、《蔬菜、水果中吡虫啉残留量的测定》（NY/T 1275—
2007）、《水果、蔬菜及茶叶中吡虫啉残留的测定（高效液相色谱法）》（GB/T
23379—2009）、《植物源性食品中 208 种农药及其代谢物残留量的测定（气相
色谱-质谱联用法）》（GB 23200.113—2018）。

　　编者长期从事农产品农药残留监测相关工作，日常检测的样品直接来自农
户和基地，检测数据真实，实践经验丰富。本书结合实践经验，对农产品中常
用农药的使用和农药残留的分析检测知识进行了归纳与总结，从了解常用农药
基本知识到农药的检测技术、从农药的最大残留安全限量到实际工作中的具体
应用，步步递增、层层推进，为读者提供操作性强的实用型书籍，适合农业部
门及高等院校相关工作人员参考。

编者
2022 年 5 月

目　　录

第一章　农药

农药在防治作物病虫草害、提高农产品产量、保障农产品供给等方面发挥着极为重要的作用。农药广义上是指来源于生物、其他天然物质的一种物质或者几种物质的混合物及其制剂，用于预防、控制为害农业和林业的病、虫、草、鼠害及其他有害生物，以及有目的地调节植物、昆虫生长的化学合成物质；狭义上是指在农业生产中，为保障、促进植物和农作物的生长，所施用的杀虫、杀菌、杀灭有害动植物的一类药物的统称，特指在农业上用于防治病虫以及调节植物生长、除草等的药剂。我国支持高效、安全、经济、环境友好的农药新产品发展，加快高污染、高风险产品的替代和淘汰。重点发展针对常发性害虫、难治害虫、地下害虫、外来入侵害虫的杀虫剂和杀线虫剂，适应耕作制度、耕作技术变革的除草剂，果树和蔬菜用新型杀菌剂和病毒抑制剂；积极发展植物生长调节剂和水果保鲜剂；鼓励发展用于小宗作物的农药、生物农药等。

第一节　农药分类

一、按照化学成分分类

（一）有机农药

有机农药包括天然有机农药和人工合成农药两大类。

1. 天然有机农药

天然有机农药是来自自然界的有机物，其环境可容性好，一般对人毒性较低，是目前大力提倡使用的农药。可用于生产无公害农产品、绿色食品和有机农产品，如辣根素、楝素（苦楝、印楝等提取物）、天然除虫菊素（除虫菊科植物提取液）、苦参碱及氧化苦参碱（苦参等提取物）、鱼藤酮类（如毛鱼藤）、蛇床子素（蛇床子提取物）、小檗碱（黄连、黄柏等提取物）、大黄素甲醚（大黄、虎杖等提取物）、植物油（如薄荷油、松树油、香菜油，可用作杀虫剂、杀螨剂、杀真菌剂、发芽抑制剂）和寡聚糖（甲壳素，可用作杀菌剂、植物生长调节剂）等。

2. 人工合成农药

即合成的化学制剂农药，其种类繁多，结构复杂，大多属于高分子化合物；酸碱度多呈中性，多数在强碱或强酸条件下易分解；有些人工合成农药适宜现配现用、相互混合使用。人工合成农药主要可分为以下5类。

有机杀虫剂：有机磷类、有机氯类、氨基甲酸酯类、拟除虫菊酯类、特异性杀虫剂等。

有机杀螨剂：专一性的含锡有机杀螨剂和不含锡有机杀螨剂。

有机杀菌剂：二硫代氨基甲酸酯类、苯并咪唑类、二甲酰亚胺类、有机磷类、苯基酰胺类、甾醇生物合成抑制剂等。

有机除草剂：苯氧羧酸类、均三氮苯类、取代脲类、氨基甲酸酯类、酰胺类、苯甲酸类、二苯醚类、二硝基苯胺类、有机磷类、磺酰脲类等。

植物生长调节剂：主要有生长素类、赤霉素类、细胞分裂素类等。

（二）无机农药

无机农药是从天然矿物中获得的农药。

无机农药来自自然，环境可容性好，一般对人毒性较低，是目前大力提倡使用的农药，如石硫合剂、硫黄粉、波尔多液等。无机农药，一般分子质量较小，稳定性差一些，不宜与其他农药混用。

（三）生物农药

生物农药是指利用生物或其代谢产物防治病虫害的产品。

生物农药有很强的专一性，一般只针对某一种或者某类病虫发挥作用，对人无毒或毒性很小，也是目前大力提倡推广的农药，可在生产无公害农产品、绿色食品、有机农产品中使用，包括真菌、细菌、病毒、线虫等及其代谢产物，如苏云金杆菌、白僵菌、昆虫核型多角体病毒、阿维菌素和球形芽孢杆菌等。生物农药在使用时，活菌农药不宜与杀菌剂以及含重金属的农药混用，尽量避免在阳光强烈时喷用。

二、按照用途或防治对象分类

（一）杀虫剂

主要用来防治农林、卫生、储粮及畜牧等方面的害虫，是农药中发展最快、用量最大、品种最多的一类农药。

1. 按作用方式分

胃毒剂：药剂通过昆虫取食而进入消化系统发生作用，使之中毒死亡，如乙酰甲胺磷等。

触杀剂：药剂接触害虫后，通过昆虫的体壁或气门进入体内，使之中毒死亡，如马拉硫磷等。

内吸剂：指由植物根、茎、叶等部位吸收、传导到植株各部位，或由种子吸收后传导到幼苗，并能在植物体内储存一定时间而不妨碍植物生长，且被吸收传导到各部位的药量，足以使为害该部位的害虫中毒致死的药剂，如多菌灵、氧化乐果等。

熏蒸剂：指施用后，呈气态或气溶胶的生物活性成分，经昆虫气门进入体内引起中毒的杀虫剂，如溴甲烷、磷化氢等。

拒食剂：药剂能够影响害虫的正常生理功能，消除其食欲，使害虫饥饿而死，如印楝素等。

性诱剂：药剂本身无毒或毒效很低，但可以将害虫引诱到一处，便于集中消灭，如棉铃虫性诱剂等。

驱避剂：药剂本身无毒或毒效很低，但由于具有特殊气味或颜色，可以使害虫逃避而不进行为害，如樟脑丸、避蚊油等。

不育剂：药剂使用后，可直接干扰或破坏害虫的生殖系统而使害虫不能正常生长发育，如喜树碱等。

昆虫生长调节剂：药剂可阻碍害虫的正常生理功能，扰乱其正常的生长发育，形成没有生命力或不能繁殖的畸形个体，如除虫脲、灭幼脲、氟虫脲等。

增效剂：这类化合物本身无毒或毒效很低，但与其他杀虫剂混合后能提高防治效果，如增效醚、增效磷、脱叶磷等。

2. 按毒理性质分

物理性毒剂：矿物油等。

原生质毒剂：重金属、砷素剂、氟素剂等。

呼吸毒剂：磷化氢、硫化氢、鱼藤酮等。

神经毒剂：有机磷酸酯类、植物性杀虫剂（如烟碱、除虫菊等）、氨基甲酸酯类等。

此外，作为杀虫剂应用的还有活体微生物农药。这类活体微生物农药，主要是指能使害虫致病的真菌、细菌、病毒，经过人工培养，用作农药来防治或消灭害虫，如苏云金杆菌、白僵菌等。

3. 按化学成分分

（1）有机杀虫剂

天然有机杀虫剂：植物性杀虫剂，如鱼藤（鱼藤酮）、除虫菊（除虫菊素）、烟草（烟碱）以及矿物油等。

人工合成杀虫剂：有机氯类杀虫剂，如三氯杀螨醇、百菌清、林丹等；有机磷类杀虫剂，如甲胺磷、敌百虫、对硫磷等；氨基甲酸酯类杀虫剂，如涕灭威、克百威等；拟除虫菊酯类杀虫剂，如氯氰菊酯等；有机氮类，如杀蚜丹等；新烟碱类，如吡虫啉、啶虫脒；苯甲酰基脲类，如除虫脲、灭幼脲等。

生物杀虫剂：微生物杀虫剂、生物代谢杀虫剂和动物源杀虫剂，如苏云金杆菌（Bt）、白僵菌等。

（2）无机杀虫剂

如硫黄、砷酸钙、亚砷酸等。

（二）杀螨剂

主要用来防治为害植物的螨类药剂，常被列入杀虫剂来分类（不少杀虫剂对螨类有一定防治效果）。杀螨剂根据其化学成分不同，可分为三大类。

有机氯杀螨剂：三氯杀螨醇。

有机磷杀螨剂：哒螨灵（速螨酮、扫螨净）等。

有机锡杀螨剂：三唑锡、苯丁锡等。

（三）杀菌剂

对植物体内的真菌、细菌或病毒等具有杀灭或抑制作用，用以预防或防治作物的各种病害的药剂，称为杀菌剂。

1. 按化学成分分

（1）无机杀菌剂

指以天然矿物为原料的杀菌剂和人工合成的无机杀菌剂，如硫铜、石硫合剂。

（2）有机杀菌剂

指人工合成的有机杀菌剂，如腐霉利、多菌灵、异菌脲、三唑酮、代森锰锌等。

（3）生物杀菌剂

包括农用抗生素类杀菌剂和植物源杀菌剂。

农用抗生素类杀菌剂，指在微生物的代谢物中所产生的抑制或杀死其他有害生物的物质，如井冈霉素、春雷霉素、链霉素等。

植物源杀菌剂，指从植物中提取某些杀菌成分，作为保护作物免受病原侵害的药剂，如大蒜素、细辛油、植物凝集素（lectin）等。

2. 按作用方式分

保护剂：在植物感病前施用，抑制病原孢子萌发，或杀死萌发的病原孢子，防止病原菌侵入植物体内，以保护植物免受为害，如代森锰锌、代森锌、无氯硝基苯等。

治疗剂：在植物感病后施用，这类药剂可通过内吸进入植物体内，传导至未施药部位，抑制病菌在植物体内的扩展或消除其危害，如甲基硫菌灵、多菌灵、三唑酮等。

3. 按使用方法分

可分为3类，有些农药可以二者或三者兼有。

土壤处理剂：指通过喷施、浇灌、翻混等方法防治土传病害的药剂，如辛硫磷、五氯硝基苯等。

茎叶处理剂：指主要通过喷雾或喷粉施于作物的杀菌剂，大多数农药均可进行茎叶喷雾。

种子处理剂：指用于处理种子的杀菌剂，主要防治种子传带的病害或者土传病害，如戊唑醇等。

（四）除草剂

用以消灭或控制杂草生长的农药，称为除草剂。可从杀灭方式、作用方式、使用方法、化学成分等方面分类。

1. 按杀灭方式分

灭生性除草剂（即非选择性除草剂）：指在正常用药量下能将作物和杂草无选择性地全部杀死的除草剂，如甲嘧磺隆、百草枯、草甘膦、草铵膦等。

选择性除草剂：只能杀死杂草而不伤害作物，甚至只杀某一种或某类杂草的除草剂，如敌稗、乙草胺、丁草胺、甲基戊乐灵、氯磺隆等。

2. 按作用方式分

内吸性除草剂：药剂可被植物根、茎、叶、芽鞘吸收，并在体内传导到其他部位而起作用，如草甘膦、西玛津、甲磺隆、氯磺隆、茅草枯等。

触杀性除草剂：药剂与植物组织（叶、幼芽、根）接触即可发挥作用，药剂并不向他处移动，如百草枯、除草醚等。

3. 按使用方法分

茎叶处理剂：将除草剂溶液兑水，以细小的雾滴均匀地喷洒在植株上。这种喷洒法所使用的除草剂称为茎叶处理剂，如苯磺隆、草甘膦、氯氟吡氧乙酸、唑草酮等。

土壤处理剂：将除草剂均匀地喷洒到土壤上形成一定厚度的药层，杂草种子的幼芽、幼苗及其根系被接触吸收而起到杀草作用，这种作用的除草剂称为土壤处理剂，如西玛津、扑草净、氟乐灵等，可采用喷雾法、浇洒法、毒土法施用。

茎叶、土壤处理剂：可作茎叶处理，也可作土壤处理，如莠去津、大部分磺酰脲类除草剂（如甲磺隆、绿磺隆、甲嘧磺隆、苄嘧磺隆、氯嘧磺隆、胺苯磺隆、烟嘧磺隆），既能作苗前处理剂，也能作苗后处理剂等。

4. 按化学成分分

酰胺类除草剂：该类产品是目前玉米田最为重要的一类除草剂，可以被杂草芽吸收。在杂草发芽前进行土壤封闭处理，能有效防治一年生禾本科杂草和部分一年生阔叶杂草。该类除草剂品种较多，如乙草胺、甲草胺、丁草胺、异丙甲草胺、异丙草胺等。

三氮苯类除草剂：可以有效防治一年生阔叶杂草和一年生禾本科杂草，以杂草根系吸收为主，也可以被杂草茎叶少量吸收。其代表品种有莠去津、氰草津、西玛津、扑草津等，其中以莠去津使用较多，活性最高，莠去津宜与乙草胺等混用以降低用量，提高除草效果和后茬作物的安全性。

苯氧羧酸类除草剂：代表品种有2甲4氯钠盐、2,4-滴丁酯。其中2甲4氯钠盐被广泛用于玉米田苗后防治阔叶杂草和香附子。但此类除草剂使用时期不当易产生药害。

磺酰脲类除草剂：烟嘧磺隆、砜嘧磺隆可以用于防治禾本科杂草、莎草科杂草和部分阔叶杂草；氯吡嘧磺隆在玉米苗后3~5叶期，杂草的3~5叶期施用。

二硝基苯胺类：包括氟乐灵、二甲戊乐灵、地乐胺等，为选择性触杀型土壤处理剂。

取代脲类：如敌草隆、绿麦隆、利谷隆、伏草隆、异丙隆等，属于选择性传导型除草剂。

其他除草剂：包括酚类、苯甲酸类、二苯醚类、联吡啶类、氨基甲酸酯类、硫代氨基甲酸酯类、有机磷类、苯氧基丙酸酯类、咪唑啉酮类及其他杂环类等。

（五）植物生长调节剂

指人工合成或天然的具有天然植物激素活性的物质。植物生长调节剂种类繁多，其结构、生理效应和用途也各异。按作用方式可分为 4 类。

1. 生长素类

能促进细胞分裂、伸长和分化，延迟器官脱落，形成无籽果实，如吲哚乙酸、吲哚丁酸等。

2. 赤霉素类

主要是能促进细胞生长、促进开花、打破休眠等，如辛硫磷等。

3. 细胞分裂素类

主要是能促进细胞分裂，保持地上部分绿色，延缓衰老，如氯吡脲、6-苄氨基嘌呤等。

4. 其他

如乙烯释放剂、生长素传导抑制剂、生长延缓剂、生长抑制剂等。

目前制剂产品登记前 10 位为乙烯利、赤霉酸、复硝酚钠、甲哌鎓、多效唑、芸苔素内酯、萘乙酸、噻苯隆、矮壮素和烯效唑。登记使用的植物生长调节剂都有其使用范围和剂量上的规定。

第二节　农药禁限用管理措施

我国目前禁用农药 50 种，限用农药 20 种，禁限用的主要原因有：致癌、致畸、剧毒、高毒，长残效高残留，环境风险不可控，地下水污染等。被禁限用的农药都有一个统一的特点，那就是高风险性。即便是对于作物生长有利，能够具有针对性地杀虫、灭虫，但和生命安全相比，显得就没有那么重要了。例如，甲拌磷虽然能够对于棉花等大田作物土壤害虫进行很好的防治，但是它带有强烈毒性，若人体短时间内大量接触就会造成中毒，甚至直接导致猝死；涕灭威虽然是主要的农用杀虫剂，对于棉红蜘蛛、棉蓟马等虫类极具破坏力，但是它属于 3 类致癌物；水胺硫磷则更是于无形中对人体生命健康造成威胁，因为它能够通过食道、呼吸道、皮肤等，引发人体中毒。因此，对于这些农药进行禁限用是十分有必要的，除了这些原因以外，还有就是农药残留会影响农产品质量安全、水生生物安全和环境安全等问题。实际上农药禁限用也是未来绿色生态农业的主要发展趋势，取而代之的就是高效低毒或者无毒的农药。

一、限制使用的农药

我国限制使用的农药共 20 种，详见表 1-1。

表 1-1　农业农村部公告限制使用的农药清单

农药名称	限制使用范围
甲拌磷、甲基异柳磷、克百威、涕灭威、灭线磷、灭多威、氧化乐果、水胺硫磷	禁止在蔬菜、瓜果、茶叶、菌类、中草药材上使用，禁止用于防治卫生害虫，禁止用于水生植物的病虫
乙酰甲胺磷、丁硫克百威、乐果	禁止在蔬菜、瓜果、茶叶、菌类和中草药材作物上使用
氰戊菊酯	禁止在茶树上使用
丁酰肼	禁止在花生上使用
氟虫腈	除卫生用、玉米等部分旱田作物种子包衣剂外，禁止在其他方面使用
氟苯虫酰胺	自 2018 年 10 月 1 日起禁止水稻使用
毒死蜱、三唑磷	自 2016 年 12 月 31 日起禁止在蔬菜上使用
内吸磷、硫环磷、氯唑磷	禁止使用于蔬菜、瓜果、茶叶、菌类和中草药材作物上
甲拌磷、甲基异柳磷、克百威	自 2016 年 9 月 7 日起，撤销使用于甘蔗作物的登记农药

二、禁用生产和使用的农药

截至 2022 年 4 月，国家禁用生产和使用的农药名录共 50 种，详见表 1-2。这 50 种禁用农药为：六六六、滴滴涕、毒杀芬、二溴氯丙烷、杀虫脒、二溴乙烷、除草醚、艾氏剂、狄氏剂、汞制剂、砷类、铅类、敌枯双、氟乙酰胺、甘氟、毒鼠强、氟乙酸钠、毒鼠硅、甲胺磷、甲基对硫磷、对硫磷、久效磷、磷胺、苯线磷、地虫硫磷、甲基硫环磷、磷化钙、磷化镁、磷化锌、硫线磷、蝇毒磷、治螟磷、特丁硫磷、氯磺隆、福美胂、福美甲胂、胺苯磺隆单剂、甲磺隆单剂、三氯杀螨醇、林丹（自 2019 年 3 月 26 日起）、硫丹（自 2019 年 3 月 26 日起）、溴甲烷（农业上禁用）、氟虫胺（自 2020 年 1 月 1 日起禁止使用）、百草枯水剂（自 2020 年 9 月 25 日起停止在国内销售）、2,4-滴丁酯（自 2023 年 1 月 29 日起禁止使用）、杀扑磷（已无制剂登记产品）、甲拌磷、甲基异柳磷、水胺硫磷、灭线磷（这 4 种将从自 2024 年 9 月 1 日起禁止销售和使用）。

表 1-2　农业农村部公告禁止使用的农药清单

食品类别	禁用农药清单	国家公告
所有食品（50 种）	六六六、滴滴涕、毒杀芬、二溴氯苯烷、杀虫脒、二溴乙烷（KDB）、除草醚、艾氏剂、狄氏剂、汞制剂、砷类、铅类、敌枯双、氟乙酰胺、甘氟、毒鼠强、氟乙酸钠、毒鼠硅（18 种）	农业部公告第 199 号
	含甲胺磷、对硫磷（1605）、甲基对硫磷（甲基 1605）、久效磷和磷胺 5 种高毒有机磷农药及其混配制剂	农业部公告第 274、322 号
	含氟虫腈成分的农药制剂（除卫生用、玉米等部分旱地种子包衣剂外）	农业部公告第 1157 号
	苯线磷、地虫硫磷、甲基硫环磷、磷化钙、磷化镁、磷化锌、硫线磷、蝇毒磷、治螟磷（苏化 203）、特丁硫磷等 10 种农药及其混配制剂	农业部公告第 1586 号
	氯磺隆、胺苯磺隆单剂、甲磺隆单剂、福美胂和福美甲胂、胺苯磺隆复配制剂产品、甲磺隆复配制剂产品	农业部公告第 2032 号
	三氯杀螨醇、百草枯水剂	农业部公告第 2445 号
	含溴甲烷产品、硫丹产品（禁止在农业上使用）	农业部公告第 2552 号
	含氟虫胺成分的农药（2020 年 1 月 1 日起）	农业农村部公告第 148 号
	甲拌磷、甲基异柳磷、水胺硫磷、灭线磷原药及制剂产品（2024 年 9 月 1 日起）	农业农村部公告第 536 号

（续表）

食品类别	禁用农药清单	国家公告
茶叶/茶树 （13种）	甲拌磷（3911）、甲基异柳磷、内吸磷（1059）、克百威（呋喃丹）、涕灭威（神农丹、铁灭克）、灭线磷、硫环磷、氯唑磷、氰戊菊酯、灭多威	农业部公告第194、199、1586号
	乙酰甲胺磷、丁硫克百威、乐果（2019年8月1日起）	农业部公告第2552号
蔬菜 （15种）	甲拌磷、甲基异柳磷、内吸磷、克百威、涕灭威、灭线磷、硫环磷、氯唑磷	农业部公告第194、199号
	毒死蜱、三唑磷	农业部公告第2032号
	灭多威（十字花科）	农业部公告第1586号
	氧化乐果（甘蓝）	农业部公告第194号
	乙酰甲胺磷、丁硫克百威、乐果（2019年8月1日起）	农业部公告第2552号
果树 （含瓜果） （16种）	甲拌磷、甲基异柳磷、内吸磷、克百威、涕灭威、灭线磷、硫环磷、氯唑磷	农业部公告第194、199号
	灭多威（苹果树）	农业部公告第1586号
	水胺硫磷、氧化乐果、杀扑磷、灭多威（柑橘/柑橘树）	农业部公告第1586号
	乙酰甲胺磷、丁硫克百威、乐果（2019年8月1日起）	农业部公告第2552号
中草药 （11种）	甲拌磷、甲基异柳磷、内吸磷、克百威、涕灭威、灭线磷、硫环磷、氯唑磷	农业部公告第194、199号
	乙酰甲胺磷、丁硫克百威、乐果（2019年8月1日起）	农业部公告第2552号
菌类作物 （3种）	乙酰甲胺磷、丁硫克百威、乐果（2019年8月1日起）	农业部公告第2552号
其他作物 （6种）	特丁硫磷、克百威、甲拌磷、甲基异柳磷（甘蔗作物）	农业部公告第194、2445号
	含丁酰肼（比久）的农药产品（花生）	农业部公告第274号
	氟苯虫酰胺（水稻作物）	农业部公告第2445号

三、农药禁限用管理措施

（一）目前我国对限制使用农药的具体管理规定

应当标注"限制使用"字样，并注明对使用的特别限制和特殊要求。"限制使用"字样，应当以红色标注在农药标签正面右上角或者左上角，并与背景颜色形成强烈反差，其字号不得小于农药名称的字号。限制使用农药应当在标签上注明施药后设立警示标志，并明确人畜允许进入的间隔时间。应注明国家规定禁止的使用范围或者使用方法等。剧毒、高毒农药应当标明中毒急救咨询电话。

农药标签过小，无法标注规定全部内容的，应当至少标注农药名称、有效成分含量、剂型、农药登记证号、净含量、生产日期、质量保证期等内容，同时附有说明书。说明书应当标注规定的全部内容。

（二）超范围经营或使用限制农药需承担法律责任

《农药管理条例》第二十四条规定："国家实行农药经营许可制度，经营限制使用农药的，还应当配备相应的用药指导和病虫害防治专业技术人员，并按照所在地省、自治区、直辖市人民政府农业主管部门的规定实行定点经营"。

《农药经营许可管理办法》第二十一条第二款"超出经营范围经营限制使用农药，或者利用互联网经营限制使用农药的，按照未取得农药经营许可证处理"。

《农药管理条例》第五十五条第一款第一项"农药经营者有下列行为之一的，由县级以上地方人民政府农业主管部门责令停止经营，没收违法所得、违法经营的农药和用于违法经营的工具、设备等，违法经营的农药货值金额不足1万元的，并处5 000元以上5万元以下罚款，货值金额1万元以上的，并处货值金额5倍以上10倍以下罚款；构成犯罪的，依法追究刑事责任"。

（三）申报限制使用农药定点经营资质程序

各市人民政府农业农村主管部门根据上述要求开展本地区的限制使用农药定点经营规划工作，汇总本市限制使用农药定点经营数据并填写本省限制使用农药经营点布局规划表，加盖公章报省人民政府农业农村主管部门，省人民政府农业农村主管部门制定完成全省限制使用农药定点经营规划，并向社会公布。农药经营者想办理限制使用农药定点经营资质，按要求在当地县行政服务中心递交申请材料，县农业农村主管部门根据布局规划对申请人进行资格审查和现场检查，符合要求后统一将材料交到省农业农村厅行政大厅，省厅工作人员核实无误后由省厅发放经营许可证，取得证后则可以经营限制使用农药。

（四）使用农药过程中要注意的要点

一是严格按标签使用农药。农药使用者应当严格按照农药的标签标注的使用范围、使用方法和剂量、使用技术要求和注意事项使用农药，不得扩大使用范围、加大用药剂量或者改变使用方法。

二是不得使用禁用农药。

三是按安全间隔期要求停止用药。标签标注安全间隔期的农药，在农产品收获前应当按照安全间隔期的要求停止使用。

四是慎用剧毒、高毒农药。剧毒、高毒农药不得用于防治卫生害虫，不得用于蔬菜、瓜果、茶叶、菌类、中草药材的生产，不得用于水生植物的病虫害防治。

五是不得随意丢弃农药包装。农药使用者应当保护环境，妥善收集处理农药包装等废弃物。保护有益生物和珍稀物种，不得在饮用水水源保护区、河道内丢弃农药、农药包装物或者清洗施药器械。

六是严禁在饮用水水源保护区内使用农药，严禁使用农药毒鱼、虾、鸟、兽等。

七是规模使用者应建立农药使用记录。农产品生产企业、食品和食用农产品仓储企业、专业化病虫害防治服务组织和从事农产品生产的农民专业合作社等应当建立农药使用记录，如实记录使用农药的时间、地点、对象以及农药名称、用量、生产企业等。农药使用记录应当保存两年以上。

参考文献

白小宁，李友顺，王宁，等，2019. 2018 年我国登记的新农药 ［J］. 农药，58（3）：165-169.

刘晓漫，曹坳程，王秋霞，等，2018. 我国生物农药的登记及推广应用现状 ［J］. 植物保护，44（5）：106-112.

全国人民代表大会常务委员会法制工作委员会，2015. 中华人民共和国食品安全法释义 ［M］. 北京：法律出版社.

张楠，2018. 我国杀菌剂登记现状［J］. 农药科学与管理，39（7）：20-23.

中华人民共和国农业部，（2017-09-13）.农药登记资料要求［EB/OL］. http：//www. moa. gov. cn/nybgb/2017/dsq/201802/t20180201＿6136196. htm. No. 2569.

中华人民共和国农业农村部，（2019-02-18）. 农业农村部等7部门关于印发《国家质量兴农战略规划（2018—2022年）》的通知［EB/OL］. ht-tp：//www. moa. gov. cn/gk/tzgg_1/tz/201902/t20190218_6172089. htm.

中华人民共和国农业农村部，（2019-09-07）. 中国农业统计资料［EB/OL］. http：//zdscxx. moa. gov. cn：808.

中华人民共和国农业农村部农药检定所，（2019-09-07）.农药登记数据［EB/OL］.http：//www. chinapesticide. org. cn/hysj/index. jhtml.

第二章 农产品中常见有机磷类农药及其使用

一、敌敌畏

（一）理化性质

敌敌畏（DDVP），CAS 号 62-73-7，是一种有机化合物，学名 O，O-二甲基-O-（2，2-二氯乙烯基）磷酸酯，化学式为 $C_4H_7Cl_2O_4P$，属于有机磷杀虫剂，工业产品均为无色至浅棕色液体，纯品沸点 140 ℃（在 133.322 Pa 下），挥发性大，室温下在水中溶解度 1%，煤油中溶解度 2%~3%，能溶于有机溶剂，易水解，遇碱分解更快。毒性大，急性毒性半数致死量（LD50）大白鼠经口为 56~80 mg/kg，经皮为 75~210 mg/kg。纯品为无色至琥珀色液体，微带芳香味。制剂为浅黄色至黄棕色油状液体，微溶于水，易溶于乙醇、芳香烃等多数有机溶剂。

（二）应用

敌敌畏为广谱性杀虫、杀螨剂。具有触杀、胃毒和熏蒸作用。触杀作用比敌百虫效果好，对害虫击倒力强而快，对咀嚼口器和刺吸口器的害虫均有效。可用于蔬菜、果树和多种农田作物。

（三）使用方法

防治菜青虫、甘蓝夜蛾、菜叶蜂、菜蚜、菜螟、斜纹夜蛾，用 80% 乳油 1 500~2 000 倍液喷雾。防治二十八星瓢虫、烟青虫、粉虱、棉铃虫、小菜蛾、灯蛾、夜蛾，用 80% 乳油 1 000 倍液喷雾。防治红蜘蛛、蚜虫，用 50% 乳油 1 000~1 500 倍液喷雾。防治小地老虎、黄守瓜、黄曲条跳虫甲，用 80% 乳油 800~1 000 倍液喷雾或灌根。

（四）注意事项

敌敌畏施用后能迅速分解，持效期短，无残留，可在作物收获前很短的时期内施用，适用于苹果、梨、葡萄等果树，以及菌类和蔬菜等，茶树、桑树、烟草上，一般收获前禁用期为 7 d。对高粱、玉米易发生药害，瓜类、豆类也较敏感，使用时应注意。

二、乐果

（一）乐果理化性质

乐果（Dimethoate），CAS 号 60-51-5，化学名为 O，O-二甲基-S-（N-甲基氨基甲酰甲基）二硫代磷酸酯，化学式为 $C_5H_{12}NO_3PS_2$，是一种常见的有机磷农药。易被植物吸收并输导至全株，在酸性溶液中较稳定，在碱性溶液中迅速水解，故不能与碱性农药混用。

（二）乐果的应用

乐果具有毒效较高，杀虫范围较广，能防治蚜虫、红蜘蛛、潜叶蝇、蓟马、果实蝇、叶蜂、飞虱、叶蝉、介壳虫等。乐果能潜入植物体内保持药效达一星期左右。

除作为内吸剂外，也有较强的触杀作用。杀虫谱较广，可用于防治蔬菜、果树、茶、桑、棉、油料作物、粮食作物的多种具刺吸口器和咀嚼口器的害虫。一般亩用有效成分 30~40 g。对蚜虫药效更高，亩用有效成分 15~20 g 即可。对蔬菜和豆类等的潜叶蝇有特效，持效期 10 d 左右。主要剂型为 40% 乳油，也有超低量油剂和可溶性粉剂。

乐果在植物体内外和昆虫体内均可被迅速氧化成氧化乐果而增加毒效。工厂生产的氧化乐果一般为 40% 乳油，防治对象和应用范围与乐果相同。但因其毒效高，在温度较低时药效也好，用药量可比乐果少约 1/3。对乐果产生抗药性的棉蚜，用氧化乐果防治仍有良好药效，特别在早春防治花椒、石榴和木槿上的越冬棉蚜用氧化乐果防治效果更好。

（三）使用方法

1. 棉花害虫的防治

棉蚜每亩用 40% 乳油 50 mL，或用 50% 乳油 40 mL，兑水 60 kg 喷雾。同时可用此量防治棉蓟马、棉叶蝉。防治蚜虫和红蜘蛛要重点喷洒叶片背面，使药液接触虫体效果更好。

2. 水稻害虫的防治

防治灰飞虱、白背飞虱、褐飞虱、叶蝉、蓟马，每亩①用40%乐果乳油75 mL，或用50%乳油50 mL，兑水75~100 kg喷雾。

3. 蔬菜害虫的防治

防治菜蚜、茄子红蜘蛛、葱蓟马、豌豆潜叶蝇，每亩用40%乳油50 mL，兑水60~80 kg喷雾。

4. 烟草害虫的防治

防治烟蚜虫、烟蓟马、烟青虫，每亩用40%乐果乳油60 mL，或用50%乳油50 mL，兑水60 kg喷雾。

5. 果树害虫的防治

苹果叶蝉、梨星毛虫、木虱用50%乳油1 000~2 000倍液喷雾。柑橘红蜡蚧、柑橘广翅蜡蝉用40%乳油800倍液喷雾。

6. 茶树害虫的防治

防治茶橙瘿螨、茶绿叶蝉，用40%乳油1 000~2 000倍液喷雾。

7. 花卉害虫的防治

瘿螨、木虱、实蝇、盲蝽，用300~500 mg/kg浓度药液喷雾。介壳虫、刺蛾、蚜虫在花卉上用40%乳油2 000~3 000倍液喷雾。

(四) 注意事项

第一，啤酒花、菊科植物、高粱、烟草、枣树、桃、杏、梅树、橄榄、无花果、柑橘等，对稀释倍数在1 500倍以下的乐果乳剂敏感，使用前应先作药害实验。

第二，蔬菜在收获前一段时间不要使用该药。

第三，口服中毒可用生理盐水反复洗胃，接触中毒应迅速离开现场。解毒剂为阿托品、解磷啶、氯磷啶，加强心脏监护，保护心脏，防止猝死。

第四，高锰酸钾可使乐果氧化成毒性更强的物质，所以乐果中毒禁用高锰酸钾洗胃。

---

① 1亩≈667 m²，15亩=1 hm²，全书同。

三、甲基对硫磷

（一）甲基对硫磷理化性质

甲基对硫磷（Methyl parathion），CAS 号 298-00-0，化学式为 $C_8H_{10}NO_5PS$，是一种高毒、高效、广谱的有机磷杀虫剂。纯品为无色结晶性粉末，工业产品为带蒜臭的黄棕色油状液体，微溶于水，溶于乙醇、氯仿，易溶于芳香烃。2017 年 10 月 27 日，世界卫生组织国际癌症研究机构公布的致癌物清单初步整理参考，甲基对硫磷在 3 类致癌物（对人体致癌性尚未归类的物质或混合物）清单中。

（二）甲基对硫磷的应用

甲基对硫磷是一种高毒、高效、广谱的有机磷杀虫剂，具触杀和胃毒作用，能抑制害虫神经系统中胆碱酯酶的活力而使其致死，杀虫谱广，常加工成乳油或粉剂使用，防治对象与对硫磷相似，能防治水稻、棉花、果树、茶叶、蔬菜等作物的多种害虫。

（三）使用方法

棉花害虫的防治：棉红蜘蛛、棉铃虫、红铃虫用甲基对硫磷乳油 1 500~2 500 倍液（每亩有效成分 15~25 g）喷雾。此剂量可防治棉蚜、棉蓟马、棉盲蝽。

水稻害虫的防治：三化螟每亩用 50% 乳油 50~75 mL，兑水 50~75 kg 喷雾。稻纵卷叶螟、稻叶螟、稻飞虱、稻蓟马每亩用 50% 乳油 50~75 mL，兑水 50~75 kg 喷雾。

（四）注意事项

第一，不能和碱性农药混用。

第二，对瓜类易产生药害，不宜使用。

第三，甲基对硫磷能通过食道、呼吸道和皮肤引起中毒，治疗可采用注射或服用阿托品或解磷定，还应控制肺水肿、脑水肿和呼吸抑制。

第四，农业农村部规定自 2004 年 7 月 1 日起，禁止在市场销售。

四、毒死蜱

（一）毒死蜱理化性质

毒死蜱（chlorpyrifos），CAS 号 2921-88-2，化学名为 O，O-二乙基-O-（3，5，6-三氯-2-吡啶基）硫代磷酸，化学式为 $C_9H_{11}Cl_3NO_3PS$，呈白色结晶，具有轻微的硫醇味，是一种非内吸性广谱杀虫、杀螨剂，在土地中挥发性较高。

（二）毒死蜱的应用

具有胃毒、触杀、熏蒸三重作用，对水稻、小麦、棉花、果树、茶树上多种咀嚼式和刺吸式口器害虫均具有较好防效。混用相溶性好，可与多种杀虫剂混用且增效作用明显（如毒死蜱与三唑磷混用）。与常规农药相比毒性低，对天敌安全，是替代高毒有机磷农药（如 1605、甲胺磷、氧化乐果等）的首选药剂。杀虫谱广，易与土壤中的有机质结合，对地下害虫特效，持效期长达 30 d 以上。无内吸作用，保障农产品、消费者的安全，适用于无公害优质农产品的生产。

（三）使用方法

毒死蜱国内目前有乳油、颗粒剂、微乳剂等剂型。其中以 40.7% 乳油（同一顺、乐斯本）含量最高；大部分为 40% 乳油（毒丝本、新农宝、博乐），使用中以乳油最多，效果好；5% 的颗粒剂（佳丝本）主要用于瓜类地下害虫的防治，是取代高毒农药 3% 克百威颗粒剂的优良品种；30% 微乳剂正在逐步推广。

毒死蜱属中毒农药，对蜜蜂有毒，在叶片上残留期一般为 5~7 d，在土壤中残留期较长。对多数作物没有药害，但对烟草、番茄叶面喷雾比较敏感。

在当前 5 代褐飞虱卵孵化盛期或田间虫量较低的田块，可选用 25% 噻嗪酮（扑虱灵）加 40% 或 40.7% 毒死蜱乳油 80~100 mL/亩喷雾。施药时，田间保持 2~3 cm 水层，对稻田密度较高、药液难以喷到水稻基部的稻田，用担架式喷雾机大容量喷雾；对稻纵卷叶螟、稻蓟马，用 40.7% 毒死蜱乳油每亩 80~120 mL 用弥雾机细喷雾；对大豆害虫，用 40.7% 毒死蜱乳油每亩用量 80~150 mL 细喷雾；对柑橘潜叶蛾、红蜘蛛、茶尺蠖等害虫，用 40.7% 毒死蜱乳油 1 000~2 000 倍液喷雾。

（四）注意事项

第一，在当前防治褐飞虱时，为提高防效果，毒死蜱可同噻嗪酮、吡蚜酮现混现用，提高对褐飞虱害虫的触杀、胃毒、熏蒸作用。

第二，在水稻后期用药，更要注意有足够的喷雾量，在每亩推荐用量范围的情况下，用药量应随喷雾药液量增减。水稻后期，应推荐用量的上限，手动喷雾器喷药液每亩 50 L 以上，机动喷雾机喷药液每亩 30 L 以上。

第三，遵守农药安全使用规程，做好劳动保护。

第四，粮桑混栽区，要远离养蚕地区谨慎用药，避免粮食作物用药污染桑叶而致蚕中毒。

五、嘧啶磷

（一）嘧啶磷理化性质

嘧啶磷（Pyrimidine phosphorus），CAS 号 23505-41-4，化学名为 O-2-二乙胺基-6-甲基嘧啶-4-基-O,O-二乙基硫逐磷酸酯，化学式为 $C_{13}H_{24}N_3O_3PS$，是一种嘧啶杂环的新型有机磷杀虫剂，具有毒性低、防效高、杀虫谱广等优点。嘧啶磷广泛应用于水稻、蔬菜、棉花、小麦等主要农作物多种害虫的防治；同时还可以防治地下害虫及仓储害虫，对一些已产生抗性的害虫同样有较高的防效。嘧啶磷作为高毒有机磷农药的理想替代品种，得到了植保专家的认同。

（二）嘧啶磷的应用

嘧啶磷的应用范围较广，尤其对氨基甲酸酯类农药难以防治的螨类及介壳虫类具有高效。它可加工成多种制剂，还可与氨基甲酸酯及拟除虫菊酯类农药复配，是替代甲胺磷等高毒有机磷农药的理想品种。

（三）使用方法

水稻稻瘿蚊和稻飞虱：于每年 7—10 月稻瘿蚊盛发期或稻飞虱迁移为害初期及水稻分蘖期，用 25% 乳油 5.33～6.67 g/亩，兑水 60～75 L 喷雾。

棉花蚜虫、红蜘蛛：用 25% 乳油 1～1.67 g/亩，兑水 50～60 L 喷雾。

棉铃虫、棉盲蝽、苹果食心虫、蚜虫、螨类等：用 25% 乳油 1 000～1 500 倍液喷雾施用。

枣树龟蜡蚧：于雌成虫越冬期和夏若虫前期，用 25% 乳油 1 000～1 500 倍液喷雾。

柑橘红蜡蚧：于若虫期，用 25%乳油 800~1 000 倍液喷雾。

柑橘矢尖蚧：在幼蚧大量上梢为害时期，用 25%乳油 1 000 倍液喷雾。

（四）注意事项

一是不能与碱性农药混用。

二是一般情况下对作物安全，但如果种子处理时浓度过高，会使种子的发芽率降低。

六、倍硫磷

（一）倍硫磷理化性质

倍硫磷（Fenthion），CAS 登录号 55-38-9，化学名称为 O，O-二甲基-O-（4-甲硫基-3-甲基苯基）硫代磷酸酯，是一种有机化合物，化学式为 $C_{10}H_{15}O_3PS_2$，是一种广谱速效的长效杀虫剂。

（二）倍硫磷的应用

对多种害虫有效，主要起触杀的胃毒作用，残效期长，对螨类效果不如甲基对硫磷，主要用于防治大豆食心虫，棉花害虫，果树害虫，蔬菜和水稻害虫，对于防治蚊、蝇、臭虫、虱子、蟑螂也有良好效果。

（三）使用方法

水稻害虫的防治：二化螟、三化螟每亩用 50%乳油 75~150 mL 加细土 75~150 kg 制成毒土撒施或兑水 50~100 kg 喷雾。稻叶蝉、稻飞虱可用相同剂量喷雾进行防治。

棉花害虫的防治：棉铃虫、红铃虫每亩用 50%乳油 50~100 mL，兑水 75~100 kg 喷雾。此剂量可兼治棉蚜、棉红蜘蛛。

蔬菜害虫的防治：菜青虫、菜蚜每亩用 50%乳油 50 mL，兑水 30~50 kg 喷雾。

果树害虫的防治：桃小食心虫用 50%乳油 1 000~2 000 倍液喷雾。

大豆害虫的防治：大豆食心虫、大豆卷叶螟每亩用 50%乳油 50~150 mL，兑水 30~50 kg 喷雾。

（四）注意事项

第一，对十字花科蔬菜的幼苗及梨、桃、高粱、啤酒花易产生药害。不得在豇豆上使用。

第二，不能与碱性物质混用。

第三，皮肤接触中毒可用清水或碱性溶液冲洗，忌用高锰酸钾溶液，误服治疗可用硫酸阿托品，但服用硫酸阿托品不宜太快、太早，维持时间一般应3~5 d。

第四，果树收获前14 d、蔬菜收获前10 d禁止使用。

七、灭菌磷

（一）灭菌磷理化性质

灭菌磷（Ditalimfos），CAS 号 5131-24-8，化学式为 $C_{12}H_{14}NO_4PS$，产品为白色扁平晶体，具有微弱的硫代磷酸酯味，熔点 83~840，99~101 ℃下蒸气压为 93.3 MPa。在室温水中溶解度约为 133 mg/L，溶于正己烷，环己烷和乙醇，易溶于苯、四氯化碳、乙酸乙酯和二甲苯。对紫外光稳定，在 pH 值大于8.0 时，温度高于熔点，稳定性减弱。

（二）灭菌磷的应用

灭菌磷是一种广谱、高效的消毒剂，具有消毒、杀菌、灭藻、去垢、防缩、漂白等作用，能有效地控制或者杀死水系统中的微生物，如细菌、真菌、藻类等；也能防治作物因各种病原微生物引起的病害；还能破坏菌丝的发育和孢子的形成，能杀死枯草杆菌、黑色变种芽孢及杂菌等。

（三）使用方法

灭菌磷的兑水比例必须根据作物、灭菌磷浓度而决定。一般防治大葱、韭菜灰霉病时，可用 50% 可湿性粉剂 300 倍液喷雾；防治茄子、黄瓜菌核病，瓜类、菜豆炭疽病时，可用 50% 可湿性粉剂 500 倍液喷雾。

灭菌磷是一种常用杀菌剂，可以预防真菌病害。灭菌磷必须要稀释过后才能使用，在使用时要将灭菌磷和水按照 1：1 000 的比例稀释。

注意灭菌磷不能连续使用，如果对农作物使用灭菌磷，则应在收获前半个月停止用药，避免农药残留超标。

（四）注意事项

第一，有效地控制或杀死水系统中的微生物——细菌、真菌和藻类。

第二，杀真菌，对细菌效果很差，可破坏菌丝的发育和孢子的形成。

第三，防治由各种病原微生物引起的植物病害的一类农药。

八、甲拌磷

（一）甲拌磷理化性质

甲拌磷（Phorate），化学名称为 O，O-二乙基-S-（乙硫基甲基）二硫代磷酸酯，是一种有机化合物，化学式为 $C_7H_{17}O_2PS_3$，有剧毒，是一种内吸性杀虫杀螨剂，用于防治刺吸式口器和咀嚼式口器害虫。甲拌磷将于 2024 年 9 月 1 日起禁止销售和使用。

（二）甲拌磷的应用

甲拌磷对害虫害螨具有内吸、触杀、胃毒及熏蒸作用。对高等动物剧毒，对人体口服、皮肤接触、溅入眼睛、呼吸摄入等都有中毒危险。

（三）使用方法

拌肥播施或埯施：将产品与底肥混拌均匀后播施或放入埯内。一般作物拌肥亩用药量 3~4 kg。重迎茬大豆亩用量 4~5 kg。

水田撒施：亩用药 3~4 kg。

地上或苗床撒施：亩用药 3~4 kg 拌细土或细沙 10 kg。

（四）注意事项

甲拌磷对人畜有剧毒。用药时要戴口罩，取药时要用工具，不能用手直接接触；就餐、喝水、吸烟、休息前必须用肥皂洗手洗脸。衣服及防护用品每天都要清洗。施药人员如发现呼吸困难、疲倦、恶心、无力、不安、多汗、呕吐等症状，尽快送医院按有机磷中毒急救。应单独存放阴凉干燥处，切忌与粮食、饲料混放。

农业农村部规定自 2024 年 9 月 1 日起，禁止在市场销售。

九、氧化乐果

（一）氧化乐果理化性质

氧化乐果（Omethoate），CAS 号 1113-02-6，化学名为 O，O-二甲基-S-（N-甲基氨基甲酰甲基）硫代磷酸酯，化学式为 $C_5H_{12}NO_4PS$，属内吸性有机磷杀虫、杀螨剂，主要用于防治棉花、小麦、果树、蔬菜、高粱等作物的害虫。

（二）氧化乐果的应用

氧化乐果对害虫和螨类有很强的触杀作用，尤其对一些已经对乐果产生抗药性地蚜虫，毒力较高，在低温期仍能保持较强的毒性。主要用于防治香蕉多种蚜虫、卷叶虫、斜纹夜蛾、花蓟马和网蝽等的良好药剂，低温期氧化乐果的杀虫作用表现比乐果快。

氧化乐果还有很强的内吸杀虫作用，可以被植株的茎、叶吸进植株体内，并可传送到未喷到药液部，而使为害的害虫中毒死亡。因此，在使用氧化乐果时，可以采用涂茎的方法施药。一般情况下，温度的高低对氧化乐果药效的影响较小。氧化乐果属于高毒农药，但它不易从皮肤渗透进入人体，与乐果的接触毒性差异不大。

（三）使用方法

氧化乐果的主要用途是，用于防治刺吸式口器害虫，对咀嚼式口器害虫也有效。主要用于棉花、小麦、果树、高粱等作物防治各种蚜虫、红蜘蛛，用于水稻可防治飞虱、蓟马、稻纵卷叶螟等。对于各种蚧虫如柑橘红蜡蚧、桦干蚧等防治效果也很显著。由于氧化乐果抗性系数较小，因此特别适宜防治抗性蚜螨。本品为高效、高毒、广谱性杀虫、杀螨剂，具有较强的内吸、触杀和胃毒作用。用于防治棉蚜、棉叶蝉、稻飞虱、稻叶蝉、稻蓟马、橘蚜、红蜘蛛、柑橘粉虱、木虱、红蜡蚧等。如防治稻叶蝉、稻飞虱、稻蓟马等，每百平方米用40%乳油 7.5~11.3 mL，兑水 7.5 kg 喷雾。防治棉花害虫每百平方米用40%乳油 7.5 mL，兑水 7.5~10.5 kg 喷雾。防治矢尖蚧、糠片蚧，在若蚧发生盛期，用40%乳油 1 000~2 000倍液喷雾。

（四）注意事项

第一，氧化乐果对其他作物的药害与乐果相同，使用时务必注意。

第二，安全间隔为茶叶 6 d，果树 15 d。

第三，40%氧化乐果乳油能通过食道、呼吸道和皮肤引起中毒，治疗药剂为阿托品及解磷定。

十、地虫硫磷

（一）地虫硫磷理化性质

地虫硫磷（Fonofos），CAS 号 944-22-9，化学名称为 O-乙基-S-苯基乙基二硫代磷酸酯，化学式为 $C_{10}H_{15}OPS_2$，有剧毒。

（二）地虫硫磷的应用

地虫硫磷是高毒不对称磷酸酯，具有强烈的触杀和胃毒作用。主要用于防治地下害虫，适用于生长期较长的作物，如小麦、花生、玉米、甘蔗等。

（三）使用方法

地虫硫磷又叫大风雷，对害虫具有很强的触杀作用，在土壤中持效期较长，是防治地下害虫的良好药剂。防治小麦地蛴螬、蝼蛄、金针虫，亩用 5%地虫硫磷颗粒剂 1.5~2 kg，与 3~5 kg 细沙拌匀，在播种期撒施于播种沟内，播种后覆土。防治玉米和大豆地蛴螬，亩用 5%颗粒剂 1~1.5 kg，与 3~5 kg 细沙拌匀，在播种期，撒施于播种沟内，播种后覆土。防治花生地蛴螬，亩用 5%颗粒剂 1.5~2 kg，与 3~5 kg 细沙拌匀，撒施在播种沟或播种穴内，将药与土充分混合，再播花生种子，使种子不直接与农药接触，播后覆土。防治甘蔗地蛴螬，在甘蔗种植时，亩用 5%地虫硫磷颗粒剂 3~4 kg，甘蔗种植后即施药覆土，或在 6—7 月大培土时，在蔗畦旁开浅沟施药，施药后培土。防治蔗龟，在成虫出土为害初期，亩用 5%颗粒剂 3~4 kg，撒施于蔗苗基部周围，然后覆土。

（四）注意事项

地虫硫磷对人畜高毒，只能用于防治地下害虫，且国家明令规定不得用于蔬菜、果树、茶叶、中草药材上。

农业农村部规定自 2011 年 11 月 1 日起，禁止在市场销售。

十一、甲基毒死蜱

（一）甲基毒死蜱理化性质

甲基毒死蜱（Chlorpyrifos－methyl），CAS 号 5598－13－0，化学名称为 O，O-二甲基-O-（3，5，6-三氯-2-吡啶基）硫代磷酸酯，甲基毒死蜱是一种化学杀虫剂，化学式 $C_7H_7Cl_3NO_3PS$。外观白色晶体，有微硫醇气味，熔点 45.5~46.5 ℃，蒸气压为 0.005 6 Pa（25 ℃）。水中溶解度 4 mg/L，易溶于丙酮、氯仿、甲醇中，化学性质稳定。但在 pH 值 4~6 和 pH 值 8~10 的介质中容易水解。

（二）甲基毒死蜱的应用

甲基毒死蜱是一种广谱的有机磷杀虫剂，通过触杀、胃毒和熏蒸均有效，无内吸性，用于防治储藏谷物中的害虫和各种叶类作物上的害虫，也可用来防治蚊成虫、蝇类、水生幼虫和卫生害虫。在土壤中无持效性。

（三）使用方法

储粮害虫防治：对有机械输送设备的粮库，可在粮食入库时在输送带上按 4~10 mg/L 的药剂量对食粮流进行喷雾，无输送设备时可按同样剂量药液人工喷雾拌和粮食，或用药剂砻糠载体法拌和粮食。对粮袋、仓墙可按每平方米 0.5~1 g 有效成分剂量喷雾处理。

对卫生害虫和作物害虫可采用喷雾处理。

（四）注意事项

按规定剂量防治储粮害虫，仅限于处理原粮，成品粮不能使用。发生中毒事故，按有机磷农药的解毒方法处理，解毒剂为阿托品。

十二、杀螟硫磷

（一）杀螟硫磷理化性质

杀螟硫磷（Fenitrothion），CAS 号 122-14-5，化学名称为 O，O-二甲基-O-（3-甲基-4-硝基苯基）硫代磷酸酯，化学式为 $C_9H_{12}NO_5PS$，黄棕色油状液体。带有蒜臭味的有机磷杀虫剂。

（二）杀螟硫磷的应用

杀螟硫磷（杀螟松）属有机磷杀虫剂。毒性中等，对人畜低毒，大鼠急性经口 LD50 为 400~800 mg/kg，大鼠急性经皮 LD50 为 1 200 mg/kg。杀螟硫磷具触杀和胃毒作用，无内吸和熏蒸作用，残效期中等，杀虫谱广，对鳞翅目幼虫有特效，也可防治半翅目、鞘翅目等害虫。该药剂对光稳定，遇高温易分解失效，碱性介质中水解，铁、锡、铝、铜等会引起该药分解，玻璃瓶中可储存较长时间。

（三）使用方法

防治蚜虫：用 50%乳油每亩 50~75 mL 兑水 50 kg 喷雾。
防治红蜘蛛：用 50%乳油 1 500~2 000 倍液喷雾。

（四）注意事项

杀螟硫磷对高粱、油菜有药害，不宜使用，高温下对十字花科蔬菜也易产生药害；桃幼果期使用 50%杀螟硫磷乳油有落果现象；杀螟硫磷不可与碱性农药混用，如需要混用时，混合后应立即使用；杀螟硫磷对蜜蜂高毒，花期不宜使用；使用杀螟硫磷防治虫害应于收获前 10 天停止使用。

十三、溴硫磷

（一）溴硫磷理化性质

溴硫磷（Bromophos），CAS 号 2104-96-3，是一种化学药品，化学式是 $C_8H_8BrCl_2O_8PS$。本品为有机含磷农药、有机有毒品，毒性不强。黄色针状结晶或粉末。易溶于碱溶液，微溶于乙醇，不溶于水、氯仿和苯。在强碱性溶液中不稳定，久置有硫析出。有刺激性。无毒害作用剂量是低于每天 0.65 mg/kg。其外观呈黄色结晶状，有霉臭味，熔点 53~54 ℃。在室温下，水中的溶解度为 40 mg/L，但能溶于大多数有机溶剂，特别是四氯化碳、乙醚、甲苯中，工业品纯度至少 90%，熔点在 51 ℃以上。

（二）溴硫磷的应用

用作农用和卫生用杀虫剂。

（三）使用方法

在 pH 值 9 的弱碱性介质中，它仍是稳定的，无腐蚀性，除硫黄粉和有机金属杀菌剂外，能与所有农药混用。

（四）注意事项

密闭操作，全面通风。防止粉尘释放到车间空气中。操作人员必须经过专业培训，严格遵守操作规程。建议操作人员佩戴自吸过滤式防尘口罩，戴化学安全防护眼镜，戴防化学品手套。远离火种、热源，工作场所严禁吸烟，使用防爆型的通风系统和设备，避免产生粉尘，避免与氧化剂接触，配备相应品种和数量的消防器材及泄漏应急处理设备，倒空的容器可能残留有害物。

十四、甲胺磷

（一）甲胺磷理化性质

甲胺磷（Methamidophos），CAS 号为 10265-92-6，是一种有机磷化合物，化学式为 $C_2H_8NO_2PS$，有剧毒。

（二）甲胺磷的应用

甲胺磷，一种内吸性很强、兼有触杀和胃毒作用的有机磷杀虫剂。对蚜虫、螨类、稻叶蝉、稻飞虱的防治效果优于对硫磷、马拉松。还可用于防治棉铃虫、黏虫、三化螟、稻纵卷叶虫及蝼蛄、蛴螬等地下害虫。

（三）使用方法

50%乳油使用 1 000 倍稀释液（每亩 50~100 mL 兑水 50~57 kg）喷雾，可有效防治棉蚜、棉铃虫、棉红蜘蛛、棉蓟马、稻飞虱、稻螟、花生蚜虫、大豆螟虫、果树蚜虫和红蜘蛛及小麦蚜虫和红蜘蛛。稻飞虱、螟虫大量发生时，每亩用 100~125 mL 兑水 300 kg 泼浇。防治玉米螟，每亩用 50 mL 兑水 100~125 kg 灌心。使用 1%毒土，每亩 5 kg 撒施，可防治二化螟、甜菜蚜虫。使用种子量的 1/500 药量拌种，可以防治地下害虫如地老虎、蛴螬、蝼蛄。用于涂茎时，50%乳油以 1：5（重量）兑水稀释。安全间隔期：粮食作物 28 d，经济作物 21 d，不可在蔬菜及其他生长期短的作物上使用。

（四）注意事项

甲胺磷有剧毒，可以选用乙酰甲胺磷或者其他低毒替代品。
农业农村部规定自 2004 年 7 月 1 日起禁止在市场销售。

十五、治螟磷

（一）治螟磷理化性质

治螟磷（Sulfotep），CAS 号 3689-24-5，化学名称为 O，O，O′，O′-四乙基二硫代焦磷酸酯，是一种有机化合物，化学式为 $C_8H_{20}O_5P_2S_2$，有剧毒，是一种具有触杀作用、内吸作用和熏蒸作用的有机磷杀虫剂，主要用于防治水稻螟虫、稻飞虱、叶蝉、萍灰螟、黏虫、蚜虫、红蜘蛛等。

（二）治螟磷的应用

治螟磷为有机磷杀虫剂，主要用于防治水稻、棉花害虫，如水稻螟虫、稻叶蝉、飞虱、棉红蜘蛛、棉蚜等，也可防治油菜蚜、豆蚜、茄红蜘蛛、象鼻虫、谷子钻心虫、介壳虫等，对钉螺和水蛭有很好的杀灭效果，亦可用于温室熏蒸杀虫杀螨。

（三）使用方法

属非内吸性杀虫剂，主要用于防治水稻、棉花害虫等。

（四）注意事项

能与多数有机溶剂混溶，在水中的溶解度为 670 mg/L，不易水解，对铁有腐蚀性。
农业农村部规定自 2011 年 11 月 1 日起禁止在市场销售。

十六、久效磷

（一）久效磷理化性质

久效磷（Monocrotophos），CAS 号为 2157-98-4，化学式为 $C_7H_{14}NO_5P$，化学名为二甲基［（E）-4-甲氨基-4-氧代丁-2-烯-2-基］磷酸酯有剧毒，是一种高效内吸性有机磷杀虫剂，具有很强的触杀和胃毒作用。

（二）久效磷的应用

可用于防治棉花的棉蚜、棉红蜘蛛、棉铃虫、棉大造桥虫、棉小造桥虫、斜纹夜蛾、蓟马等害虫。对水稻害虫如二化螟、三化螟、稻纵卷叶螟、黑尾夜蝉、稻飞虱，果树害虫如山楂红蜘蛛、苹果卷叶蛾等也有较好的防治效果。久效磷对高粱和桃产生药害，不宜使用。

（三）使用方法

1. 棉花害虫的防治

棉铃虫主要防治棉田二、三代幼虫，在卵孵盛期，每亩用 40% 乳油 50～80 mL，兑水 75 kg，均匀喷雾。棉蚜每亩用 40% 乳油 25～37.5 mL，兑水 40～60 kg，各叶背均匀喷雾。也可用药液涂茎法，即用 40% 乳油 0.5～1 kg，兑水 40 kg，用棉球捆在筷子的一端，蘸药液涂在棉苗茎的红绿交界处，药带宽 1～2 cm。棉红蜘蛛防治药量及喷雾方法同棉蚜。棉红铃虫防治适期为各代始发蛾及产卵盛期，用药量和使用方法同棉铃虫。

2. 水稻害虫的防治

二化螟在蚁螟孵化高峰前后 3 天施药，每亩用 40% 乳油 50～100 mL，兑水 50～75 kg 喷雾。三化螟在孵化高峰前 1～2 d 施药，用药量和使用方法同二化螟。稻纵卷叶螟在幼虫 1～2 龄高峰期，每亩用 40% 乳油 40～60 mL，兑水 60～75 kg 喷雾，稻飞虱、稻叶蝉在 2～3 龄若虫盛发期施药。每亩用 40% 乳油 50 mL，兑水 100 kg 喷雾。稻蓟马在若虫盛孵期防治，每亩用 40% 乳油 30～60 mL，兑水 60～75 kg 喷雾。

3. 大豆害虫的防治

大豆食心虫在成虫盛发期到幼虫入荚前防治。每亩用 40% 乳油 60～80 mL，兑水 60～80 kg 均匀喷雾。豆荚螟在大豆结荚期间成虫盛发期或卵孵化盛期前防治，用药量和使用方法同大豆食心虫。

4. 森林害虫的防治

防治松树介壳虫、松毛虫，春、秋两季用久效磷原液，夏季稀释 1～5 倍涂松树干或打孔注入，效果良好。

（四）注意事项

一是不能与碱性农药混用，食用作物收获前 10 天停止用药。

二是此药对高粱易产生药害，使用时要慎重。

三是本品对蜜蜂有毒，应避免在开花期用药。

四是如误服应引吐，解毒剂为阿托品或解磷定，或两种解毒剂合并进行治疗。

五是水田用久效磷等可引起稻飞虱种群数量显著增加。

六是农业农村部规定自 2004 年 7 月 1 日起禁止在市场销售。

十七、亚胺硫磷

（一）亚胺硫磷理化性质

亚胺硫磷（Phosmet），CAS 号 732-11-6，化学名为 O，O-二甲基-S-（酞酰亚胺基甲基）二硫代磷酸酯，化学式为 $C_{11}H_{12}NO_4PS_2$，为白色结晶性粉末，微溶于水，溶于甲醇、乙醇、苯、甲苯、四氯化碳、丙酮等有机溶剂。

（二）亚胺硫磷应用

适用于防治水稻、棉花、果树、蔬菜等多种作物害虫，并兼治叶螨。

（三）使用方法

棉花害虫的防治：防治棉蚜每亩用 25% 乳油 50 mL，兑水 75 kg 喷雾。棉铃虫、红铃虫、棉红蜘蛛，每亩用 25% 乳油 100~125 mL，兑水 75 kg 喷雾。

水稻害虫的防治：防治稻纵卷叶螟、稻飞虱、稻蓟马，每亩用 25% 乳油 150 mL，兑水 50~75 kg 喷雾。

果树害虫的防治：苹果叶螨用 25% 乳油 1 000 倍液喷雾。苹果卷叶蛾、天幕毛虫用 25% 乳油 600 倍液喷雾。柑橘介壳虫用 25% 乳油 600 倍液喷雾。

蔬菜害虫的防治：菜蚜每亩用 25% 乳油 33 mL，兑水 30~50 kg 喷雾。地老虎用 25% 浮油 250 倍液灌根。

（四）注意事项

一是对蜜蜂有毒，喷药后不能放蜂。

二是不能与碱性农药混用。

三是中毒后解毒药剂可选用阿托品、解磷定等。

十八、甲基嘧啶磷

（一）甲基嘧啶磷理化性质

甲基嘧啶磷（Pirimiphos-methyl），CAS 号 29232-93-7，化学名为 O-（2-二乙基氨基-6-甲基-4-嘧啶基）-O，O-二甲基硫代磷酸脂，化学式为 $C_{11}H_{20}N_3O_3PS$。原药为棕黄色液体，相对密度（d30）1.157，30 ℃蒸气压为 13 MPa，30 ℃水中溶解度为 5 mg/L，易溶于大多数有机溶剂。

（二）甲基嘧啶磷的应用

甲基嘧啶磷是有机磷速效、广谱的杀虫剂、杀螨剂，具有胃毒和熏蒸作用。对于储粮甲虫、象鼻虫、米象、锯谷盗、赤拟谷盗、谷蠹、粉斑螟、蛾类和螨类均有良好的药效。也可防治仓库害虫、家庭及公共卫生害虫（蚊、蝇）。

（三）使用方法

储粮害虫：用 50%乳油 25 000~50 000 倍液对粮袋进行喷雾处理。
水稻二化螟：用 50%乳油 80~100 mL/亩，兑水 50~60 L 喷雾。

（四）注意事项

甲基嘧啶磷有毒、易燃；乳剂加水稀释后应一次用完，不能储存以防药剂分解失效；可被强酸和碱水解，对光不稳定，对黄铜、不锈钢、尼龙、聚乙烯和铝无腐蚀性。

十九、杀扑磷

（一）杀扑磷理化性质

杀扑磷（Methidathion），CAS 号 950-37-8，化学式为 $C_6H_{11}N_2O_4PS_3$，化学名为 S-2，3-二氢-5-甲氧基-2-氧代-1，3，4-硫二氮茂-3-基甲基-O，O-二甲基二硫代磷酸酯。是一种广谱、高毒杀虫、杀螨剂，防治介壳虫有特效，具有触杀和胃毒作用，有渗透作用，但无内吸作用。

（二）杀扑磷的应用

杀扑磷是一种广谱、高毒杀虫、杀螨剂，防治介壳虫有特效，具有触杀和胃毒作用，有渗透作用，但无内吸作用。杀扑磷能防治苹果、柑橘、杏、李、梅、樱桃、荔枝、龙眼、杨桃、椰子和腰果等果树的鳞翅目幼虫、介壳虫、蓟马、叶蝉、粉虱、害螨。

（三）使用方法

防治苹果等落叶树上的介壳虫、叶蝉、椿象、盲蝽、粉虱和卷叶蛾等，可向树冠喷布 40%杀扑磷乳油 1 000~1 200 倍液。

柑橘矢尖蚧的防治，可于 4 月下旬至 5 月上中旬 1 代幼蚧盛发期，喷布 40%杀扑磷乳油 600~800 倍液，20 d 后再喷一次。

（四）注意事项

不可与碱性农药混用，以免失效。对核果类果树应避免在后期使用。在果园中喷药，浓度不能太高。

农业农村部规定于 2011 年 11 月 1 日起禁止在市场销售。

二十、甲基硫环磷

（一）甲基硫环磷理化性质

甲基硫环磷（Posfolan-methyl），CAS 号 5120-23-0，分子式 $C_5H_{10}NO_3PS_2$，甲基硫环属高毒杀虫剂，在试验剂量未见致突变、致畸、致癌作用。

（二）甲基硫环磷的应用

对刺吸式口器和咀嚼式口器的多种害虫均有良好的防治效果。可用于棉花、粮食、甜菜、大豆、花生等多种作物。

（三）使用方法

拌种：小麦拌种用 35%甲基硫环磷乳剂 1 kg，加水 50 kg 均匀喷洒在 50 kg 麦种上，搅拌均匀后播种，可防治蛴螬、蝼蛄、苗蚜。棉花拌种可用 35%甲基硫环磷 1 kg，兑水 15 kg，均匀喷洒在 35 kg 棉籽上，堆闷 24~26 h 后播种。甜菜拌种用 35%乳油 0.6~1.1 kg，用 20 kg 水稀释后，喷洒在 50 kg 种子上，堆闷 4 h，晾干后播种。

喷雾：用 35%乳油 1 000~2 000 倍液，喷雾可防治棉蚜、棉红蜘蛛。

涂茎：防治棉蚜，可用 35%乳油稀释 100~150 倍液涂茎。

沟施：每亩用3%颗粒剂5~15 kg与种子一起沟施，可在作物生长期防治蛴螬、蝼蛄等地下害虫。

（四）注意事项

第一，拌种时应严格掌握药量和拌种均匀，以免引起药害。棉花拌种后，出苗偏晚，但对棉花生长有促进作用，产量不受影响。

第二，甲基硫环磷吸潮易分解，避免与碱性农药混用。

第三，甲基硫环磷可通过食道、呼吸道和皮肤引起中毒，解毒药可选用阿托品和解磷定。

第四，农业农村部规定于2011年11月1日起禁止在市场销售。

二十一、巴胺磷（胺丙畏）

（一）巴胺磷（胺丙畏）理化性质

巴胺磷（Propetamphos），又名胺丙畏，CAS 号为 31218-83-4，分子式 $C_5H_{10}NO_3PS_2$，化学名为 1-甲基-乙基（E）-3｛［（乙胺基）甲氧基磷硫基］氧基｝-2-丁烯酯淡黄色油状液体。沸点 87~89 ℃（6.65×10^{-4} kPa），相对密度 1.1294（20/4 ℃），折光率 1.495。在 24 ℃ 水中的溶解度为 110 mg/L。

（二）巴胺磷（胺丙畏）的应用

巴胺磷（胺丙畏）为触杀性杀虫剂，兼有胃毒作用。能有效防治蟑螂、苍蝇、蚊子等害虫，也可防治牛虱。

（三）使用方法

防治棉花苗蚜、伏蚜，用40%赛福丁乳油1 000倍液喷雾。

（四）注意事项

溶于多数有机溶剂，对热、光稳定。

二十二、磷胺

（一）磷胺理化性质

磷胺（Phosphamidon），CAS 号 13171-21-6，又名大灭虫，化学式为 C_{10}

$H_{19}ClNO_5P$，是一种广谱性有机磷杀虫剂，其外观呈黄色液体，沸点 $87 \sim 89$ ℃/66.7 Pa，20 ℃蒸气压为 1.9 MPa。

（二）磷胺的应用

磷胺为广谱性有机磷杀虫剂，可防治刺吸式口器和咀嚼式口器的多种害虫。对棉蚜、棉红蜘蛛等棉花害虫有较高防效，对稻飞虱、稻叶蝉、水稻螟虫等也有优良杀伤效果，还用于防治甘蔗螟虫、大豆食心虫、梨小食心虫等。

（三）使用方法

磷胺防治棉花苗蚜、伏蚜，用40%胺丙畏乳油1 000倍液喷雾。

（四）注意事项

磷胺残余物和容器必须作为危险废物处理，避免排放到环境中。
农业农村部规定自2004年7月1日起禁止在市场销售。

二十三、马拉硫磷

（一）马拉硫磷理化性质

马拉硫磷（Malathion），CAS 号 121-75-5，化学式为 $C_{10}H_{19}O_6PS_2$，学名 O，O-二甲基-S-（1，2-二羟乙氧基乙基）二硫代磷酸酯，为无色至淡黄色油状液体，为高效低毒杀虫、杀螨剂。

（二）马拉硫磷的应用

马拉硫磷是高效低毒杀虫、杀螨剂，防治范围广。不仅用于稻、麦、棉，而且因毒性低、残效短，也用于蔬菜、果树、茶叶以及仓库的防虫。主要防治稻飞虱、稻叶蝉、棉蚜、棉红蜘蛛、小麦黏虫、豌豆象、大豆食心虫、果树红蜘蛛、蚜虫、粉蚧、巢蛾、蔬菜黄条跳甲、菜叶虫、茶树上的多种蚧类以及蚊、蝇幼虫和臭虫等。

（三）使用方法

麦类作物害虫的防治：防治黏虫、蚜虫、麦叶蜂，用45%乳油1 000倍液喷雾。

豆类作物害虫的防治：防治大豆食心虫、大豆造桥虫、豌豆象、豌豆和管蚜、黄条跳甲，用45%乳油1 000倍液喷雾，每亩喷液量75~100 kg。

水稻害虫的防治：防治稻叶蝉、稻飞虱。

棉花害虫的防治：防治棉叶跳虫、棉盲蝽，用45%乳油1 500倍液喷雾。

果树害虫的防治：防治果树上各种刺蛾、巢蛾、粉介壳虫、蚜虫，用45%乳油1 500倍液喷雾。

茶树害虫的防治：防治茶象甲、长白蚧、龟甲蚧、茶绵蚧等，用45%乳油500~800倍液喷雾。

蔬菜害虫的防治：防治菜青虫、菜蚜、黄条跳甲等，用45%乳油1 000倍液喷雾。

林木害虫的防治：防治尺蠖、松毛虫、杨毒蛾等，每亩用25%油剂150~200 mL，超低容量喷雾。

卫生害虫的防治：苍蝇用45%乳油250倍液100~200 mL/m² 用药。臭虫用45%乳油160倍液100~150 mL/m² 用药。蟑螂用45%乳油250倍液50 mL/m² 用药。

（四）注意事项

本品易燃，在运输、储存过程中注意防火，远离火源。

中毒症状为头痛、头晕、恶心、无力、多汗、呕吐、流涎、视力模糊、瞳孔缩小、痉挛、昏迷、肌纤颤、肺水肿等。误中毒时应立即送医院诊治，给病人皮下注射1~2 mg阿托品，并立即催吐。上呼吸道刺激可饮少量牛奶及苏打。眼睛受到沾染时用温水冲洗。皮肤发炎时可用20%苏打水湿绷带包扎。

二十四、水胺硫磷

（一）水胺硫磷理化性质

水胺硫磷（Isocarbophos），CAS号24353-61-5，是一种有机磷杀虫剂，化学式为$C_{11}H_{16}NO_4PS$，化学名为O-甲基-O-（2-异丙氧基羰基苯基）硫代磷酰胺。水胺硫磷纯品为无色鳞片状结晶，能溶于乙醚、苯、丙酮和乙酸乙酯，不溶于水，难溶于石油醚，工业品为茶褐色黏稠的油状液，放置过程中不断析出结晶，有效成分含量85%~90%，常温下储存稳定。将于2024年9月1日起禁止销售和使用。

（二）水胺硫磷的应用

广谱性杀虫、杀螨剂，具有触杀、胃毒和杀卵作用。对螨类及鳞翅目、同翅目害虫具有良好的防治效果。主要用于防治棉花红蜘蛛、棉蚜、棉伏蚜、棉铃虫（幼虫和卵）、红铃虫卵、斜纹夜蛾、水稻三化螟，对各类介壳虫也有良好效果。

（三）使用方法

防治棉花红蜘蛛、棉蚜，在害虫发生期用20%乳油50～100 mL，兑水50～75 kg喷雾。防治棉铃虫、红铃虫在卵孵盛期，用20%乳油100～200 mL，兑水50～100 kg喷雾。防治稻纵卷叶螟、稻蓟马用20%乳油150 mL，兑水50 kg喷雾。

（四）注意事项

对蛛形纲中的螨类、昆虫纲中的鳞翅目、同翅目昆虫具有很好的防治作用。水胺硫磷能通过食道、皮肤和呼吸道引起人类中毒。

农业农村部规定自2024年9月1日起禁止在市场销售。

二十五、喹硫磷

（一）喹硫磷理化性质

喹硫磷（Quinalphos），CAS号13593-03-8，化学式为$C_{12}H_{15}N_2O_3PS$，化学名O，O-二乙基-O-喹噁啉-2-基硫代磷酸酯，纯品为白色无味结晶。折射率nD1.5624，蒸气压$3.3466×10$ Pa（20℃）。易溶于苯、甲苯、二甲苯、醇、乙醚、丙酮、乙腈、乙酸乙酯等多种有机溶剂，微溶于石油醚，在水中溶解度为22 mg/L（常温）。酸性条件易水解，于120℃分解。

（二）喹硫磷的应用

适用于水稻、棉花、果树、蔬菜上多种害虫的防治。

（三）使用方法

水稻害虫的防治：喹硫磷是防治瘿蚊的特效药，每亩用25%乳油150～200 mL，兑水60～150 kg喷雾或用5%颗粒剂1.25～1.5 kg撒施。防治二化螟、三化螟每亩用25%乳油100～130 mL，兑水75 kg喷雾；或用5%颗粒剂每亩1～1.5 kg，均匀喷撒。此剂量可用于防治稻飞虱及叶蝉、稻蓟马、稻纵卷叶螟等。

棉花害虫的防治：棉蚜每亩用 25% 乳油 50~60 mL，兑水 50 kg 喷雾。棉蓟马每亩用 25% 乳油 66~100 mL，兑水 60 kg 喷雾。棉铃虫每亩用乳油 133~166 mL，兑水 75 kg 喷雾。

柑橘害虫的防治：柑橘潜叶蛾用 25% 乳油 600~750 倍液防治。橘蚜用 500~750 倍液防治，此剂量也可防治介壳虫。

茶树害虫的防治：防治小绿叶蝉、茶尺蠖，每亩用 25% 乳油 150~200 mL，兑水 150~200 L 喷雾。

蔬菜害虫的防治：防治菜青虫、斜纹夜蛾每亩用 25% 乳油 60~80 mL，兑水 50~60 L 喷雾。

（四）注意事项

喹硫磷不能与酸性农药混合使用，以免分解。喹硫磷的安全使用、中毒症状、急救措施与一般有机磷农药相同。

二十六、杀虫畏

（一）杀虫畏理化性质

杀虫畏（Tetrachlorvinphos），CAS 号 22248-79-9，化学式为 $C_{10}H_9Cl_4O_4P$，化学名为（Z）-2-氯-1-（2，4，5-三氯苯基）乙烯基二甲基磷酸酯，外观为无色晶体或白色粉末。

（二）杀虫畏的应用

高效、低毒有机磷杀虫剂。以触杀为主，对鳞翅目、双翅目和多种鞘翅目害虫有高效，而对温血动物毒性低。在有机磷杀虫剂出现抗性问题时，国外已将杀虫畏作为一个重要的替换品种。

（三）使用方法

用于粮、棉、果、茶、蔬菜和林业上，也可引入防治仓储粮、织物害虫。如防治水稻二化螟，以 15 g 有效成分/100 m² 施药 2 次，杀虫效果达 90%。以 0.05% 药液防治蓟马，效果达 97%。用 0.04% 质量分数药液防治棉蚜，效果达 98%。用 0.025% 药液喷雾防治棉红蜘蛛，效果达 94%。

（四）注意事项

储存于 0~6 ℃，阴凉、通风的库房。应与氧化剂、食用化学品分开存放，切忌混储。保持容器密封。远离火种、热源。

二十七、百治磷

(一) 百治磷理化性质

百治磷（Dicrotophos），CAS 号 141-66-2，化学式 $C_8H_{16}NO_5P$，化学名为（E）-O，O-二甲基-O-［1-甲基-2-（二甲基氨基甲酰）乙烯基］磷酸酯，是一种有机磷农药，有剧毒。

(二) 百治磷的应用

百治磷是一种兼有接触和内吸性的广谱、速效、残效期长的杀虫剂，对螨类也有效。具触杀、胃毒作用，渗透性较强，有一定的内吸作用。可用于水稻、棉花、果树、大豆等作物防治二化螟、三化螟、稻叶蝉、稻苞虫、稻纵卷叶虫、棉红铃虫、棉铃虫、棉蚜、菜青虫、菜蚜、果树食心虫、介壳虫、柑橘锈壁虱、网蟾、茶毒蛾、茶小绿叶蝉、大豆食心虫及卫生害虫。用于棉花、咖啡、水稻、山核桃、甘蔗、柑橘、烟草、谷物、马铃薯、棕榈树等的害虫防治。

(三) 使用方法

百治磷（E）-异构体较（Z）-异构体活性好，为中等防效。以 300~600 g（a.i.）/hm²剂量防治刺吸口器害虫是有效的；以 600 g（a.i.）/hm²剂量防治咖啡果小蠹螟、螟蛾科和潜叶科害虫有效。

(四) 注意事项

除某些种类的果树外，一般不会产生药害。

二十八、丙溴磷

(一) 丙溴磷理化性质

丙溴磷（Profenofos），CAS 号 41198-08-7，化学式 $C_{11}H_{15}BrClO_3PS$，化学名为 O-（4-溴-2-氯苯基）-O-乙基-S-丙基-硫代磷酸酯，浅黄色液体，具蒜味，沸点 100 ℃/1.80 Pa，蒸气压 $1.24×10^{-4}$ Pa（25 ℃），密度 1.455（20 ℃），溶解度水 28 mg/L（25 ℃），与大多有机溶剂混溶，中性和微酸条

件下比较稳定，碱性环境中不稳定。

（二）丙溴磷应用

丙溴磷具有触杀和胃毒作用，作用迅速，对其他有机磷、拟除虫菊酯产生抗性的棉花害虫仍有效，是防治抗性棉铃虫的有效药剂。产生抗性的地区可与其他菊酯类或有机磷类杀虫剂混合使用，会更大地发挥丙溴磷的药效。对水稻二化螟、钻心虫、稻纵卷叶螟、水稻稻飞虱同样有效。

（三）使用方法

棉铃虫的防治：每亩用 44% 乳油 60~100 mL，兑水 60~100 kg 喷雾。
棉蚜的防治：每亩用 44% 乳油 30~60 mL，兑水 30~60 kg 喷雾。
红铃虫的防治：每亩用 44% 乳油 60~100 mL，兑水 60~100 kg 喷雾。
韭蛆的防治：每亩用 50% 乳油 300~500 mL，兑水 450~800 kg 喷雾。

（四）注意事项

第一，丙溴磷严禁与碱性农药混合使用。
第二，丙溴磷与氯氰菊酯混用增效明显，商品多虫清是防治抗性棉铃虫的有效药剂。
第三，丙溴磷中毒者送医院治疗，治疗药剂为阿托品或解磷定。
第四，安全间隔期为 14 d，丙溴磷在棉花上的安全间隔期为 5~12 d，每季节最多使用次数为 3 次。
第五，果园中不宜用丙溴磷，高温对桃树有药害。
第六，该药对苜蓿和高粱有药害。

二十九、敌百虫

（一）敌百虫理化性质

敌百虫（Dipterex），CAS 号 52-68-6，化学式为 $C_4H_8Cl_3O_4P$，化学名为 O，O-二甲基-（2，2，2-三氯-1-羟基乙基）磷酸酯，是一种有机磷杀虫剂，能溶于水和有机溶剂，性质较稳定，但遇碱则水解成敌敌畏，其毒性增大了 10 倍。其毒性以急性中毒为主，慢性中毒较小。

（二）敌百虫的应用

用作杀虫剂。适用于水稻、麦类、蔬菜、茶树、果树、桑树、棉花等作物上的咀嚼式口器害虫，以及家畜寄生虫、卫生害虫的防治。高效、低毒、低残留、广谱性杀虫剂，以胃毒作用为主，兼有触杀作用，也有渗透活性。农业上应用范围很广，用于防治菜青虫、棉叶跳虫、桑野蚕、桑黄、象鼻虫、果树叶蜂、果蝇等多种害虫。敌百虫具有触杀和胃毒作用、渗透活性。原粉可加工成粉剂、可湿性粉剂、可溶性粉剂和乳剂等各种剂型使用，也可直接配制水溶液或制成毒饵，用于防治咀嚼式口器和刺吸式口器的农、林、园艺害虫，地下害虫等。

（三）使用方法

用麦糠 8 kg、90%敌百虫晶体 0.5 kg，混合拌制成毒饵，撒施在苗床上，可诱杀蝼蛄及地老虎幼虫等。

用 90%敌百虫晶体 1 000 倍液，可喷杀尺蠖、天蛾、卷叶蛾、粉虱、叶蜂、草地螟、大象甲、茉莉叶螟、潜叶蝇、毒蛾、刺蛾、灯蛾、黏虫、桑毛虫、凤蝶、天牛等低龄幼虫。

用 90%的敌百虫晶体 1 000 倍液浇灌花木根部，可防治蛴螬、夜蛾、白囊袋蛾等。

（四）注意事项

第一，不能与碱性药物配合或同时使用。因为敌百虫属于有机磷制剂，如果与碱性药物或碱性物质相遇，会增强毒性，引起家畜中毒，甚至造成死亡。碳酸氢钠、人工盐、健胃散、各种磺胺类药物的钠盐、软肥皂水、硬肥皂水、石灰水等都属于碱性药物，都应避免与敌百虫配合或同时使用。另外，普通水如果是碱性硬水，也不能用来配制敌百虫溶液。

第二，不能超过治疗剂量。因为敌百虫的治疗剂量与中毒剂量非常接近。

三十、对氧磷

（一）对氧磷理化性质

对氧磷（Paraoxon），CAS 号 311-45-5，化学式为 $C_{10}H_{14}NO_6P$，化学名为 O，O-二乙基-O-（4-硝基苯基）磷酸酯，有剧毒，常用作杀虫剂。

（二）对氧磷应用

杀虫范围同对硫磷，其杀虫作用比对硫磷强大。因对人畜毒性较大，故在实际应用上受到限制。

（三）使用方法

对氧磷（311-45-5）是对硫磷的活性形式，为强胆碱酯酶抑制，作用方式为触杀及内吸。

（四）注意事项

一是要对症下药。根据农作物病虫害发生种类和为害程度决定是否要防治，选择合适的农药品种进行"对症下药"，选择农药品种时主要依据产品标签注明的使用范围和防治对象，不可超范围使用或随意用药。

二是要掌握用药时期。应根据病虫害发生发育和作物的生长阶段特点选择最合适的用药时间，如害虫应选择在害虫对药物最敏感的低龄幼虫期或发生为害初期进行施药，病害应选择在发病前或发病初期进行施药。晴热高温的中午，大风和下雨天气一般不适宜施药。在作物"安全间隔期"内禁止施药。

三是要注意对氧磷为剧毒、高毒农药，禁止在蔬菜、果树、茶叶、中草药材上使用。

三十一、二嗪磷

（一）二嗪磷理化性质

二嗪磷（Diazinon），CAS 号 333-41-5，化学式 $C_{12}H_{21}N_2O_3PS$，化学名为 O，O-二乙基-O-［6-甲基-2-（1-甲基乙基）-4-嘧啶基］硫代磷酸酯，二嗪磷纯品是无色油状液体。难溶于水，与乙醇、丙酮、二甲苯可混溶，并溶于石油醚。

（二）二嗪磷的应用

一种有机磷杀虫剂。可加工成可湿性粉剂、乳剂和粉剂使用。用于防治苹果蠹虫，效果同对硫磷。防治蛴螬或金针虫比对硫磷更有效。除当作一般的触杀药剂以外，还可注射牛体，能灭杀牛瘤蝇的幼虫。对牲畜的毒性较小。

（三）使用方法

广谱性杀虫剂，具有触杀、胃毒、熏蒸和一定的内吸作用，也有较好的杀螨与杀卵作用。防治水稻螟虫、稻叶蝉，用50%乳油15～30 g/100 m²，兑水7.5 kg喷雾，防效90%～100%。防治棉蚜、棉红蜘蛛、棉蓟马、棉叶蝉，用50%乳油7.5～12 mL/100 m²，兑水7.5～15 kg均匀喷雾，防效92%～97%。防治华北蝼蛄、华北大黑鳃金龟地下害虫，用50%乳油75 mL，兑水3.75 kg，拌种45 kg，堆闷7 h即可播种，或拌小麦种37 kg，待种子把药液吸收，稍晾干后即可播种。防治菜青虫、菜蚜，用50%乳油6～7.5 mL/100 m²，兑水6～7.5 kg均匀喷雾。防治葱潜叶蝇、豆类种蝇、稻瘿蚊，用50%乳油7.5～15 mL/100 m²，兑水7.5～15 kg均匀喷雾。防治大黑蛴螬，用2%颗粒剂0.19 kg/100 m²穴施。

（四）注意事项

二嗪磷不能与碱性农药和敌稗混合使用，在使用敌稗前后两周内不得使用二嗪磷。

三十二、伏杀硫磷

（一）伏杀硫磷理化性质

伏杀硫磷（Phosalone），CAS号2310-17-0，分子式为$C_{12}H_{15}ClNO_4PS_2$，化学名为O，O-二乙基-S-（6-氯-2-氧代苯并恶唑啉-3-基甲基）二硫代磷酸酯，纯品为白色结晶。室温下水中溶解度为10 mg/L，不溶于环己烷、石油醚，溶于丙酮、乙腈、苯、氯仿、二恶烷、乙醇（200 g/L，20 ℃）、甲苯和二甲苯（1 000 g/L，20 ℃）。

（二）伏杀硫磷的应用

有机磷杀虫、杀螨剂。主要用于防治棉花、小麦、烟叶、蔬菜、果树等作物抗性蚜螨和水稻蓟马、叶蝉、飞虱、螟虫、小麦黏虫、烟青虫等。其触杀作用很强，但对天敌较安全。有机磷杀虫、杀螨剂，具有广谱性、速效性、渗透性、低残留、非内吸性等特点。对害虫以触杀和胃毒作用为主。

（三）使用方法

防治小菜蛾、菜青虫、菜蚜，用35%乳油100～180 mL兑水50～75 kg喷雾。防治棉花红铃虫、棉铃虫，用 35% 乳油 30～37.5 mL/100 m² 兑水 11.4～15 kg 喷雾。防治豆野螟、茄子红蜘蛛，若螨盛期用 35% 乳油 22.5～30 mL/100 m² 兑水喷雾。防治小麦黏虫、蚜虫，用 15～22.5 mL/100 m² 兑水 7.5～11.3 kg 喷雾。防治苹果卷叶虫、梨小食心虫、黄木虱、蚜虫、红蜘蛛，用 0.3%～0.6% 喷洒。

（四）注意事项

如误食，应立即引吐并请医生诊治，解毒剂为阿托品硫酸盐或碘吡肟（2-PAM）。

参考文献

陈岩，郑锦锦，杨慧，等，2018. 我国蔬菜合理用药情况调查分析
　　[J]. 农药，57（9）：627-631.
李保华，王彩霞，董向丽，2013. 我国苹果主要病害研究进展与病害防治
　　中的问题 [J]. 植物保护，39（5）：46-54.

第三章 农产品中常见有机氯和拟除虫菊酯类农药及其使用

一、溴氰菊酯

（一）溴氰菊酯理化性质

溴氰菊酯（Deltamethrin），CAS 号 52918-63-5，化学式为 $C_{22}H_{19}Br_2NO_3$，化学名为（S）-alpha-氰基-3-苯氧苄基-（+）-顺-3-（2，2-二溴乙烯基）-2，2-二甲基环丙烷羧酸酯，是白色斜方针状晶体。常温下几乎不溶于水，溶于多种有机溶剂。对光及空气较稳定。在酸性介质中较稳定，在碱性介质中不稳定。

（二）溴氰菊酯的应用

防治农业害虫，主要以乳油兑水喷雾，用于棉花、蔬菜、果树、茶树、油料作物、烟草、甘蔗、旱粮、林木、花卉等作物，防治各种蚜虫、棉铃虫、棉红铃虫、菜青虫、小菜蛾、斜纹夜蛾、甜菜夜蛾、黄守瓜、黄条跳甲、桃小食心虫、梨小食心虫、桃蛀螟、柑橘潜叶蛾、茶尺蠖、茶毛虫、刺蛾、茶细蛾、大豆食心虫、豆荚螟、豆野螟、豆天蛾、芝麻天蛾、芝麻螟、菜粉蝶、斑粉蝶、烟青虫、甘蔗螟虫、麦田黏虫、林木的毛虫等，一般亩用有效成分 0.5～1 g。对钻蛀性害虫应在幼虫蛀入植物之前施药。防治仓库害虫，主要采用乳油兑水喷雾，对原粮、种子的防虫消毒，一般持效期半年左右。严禁在商品粮仓和商品粮上使用。对空仓、器材、运输工具、包装材料作防虫消毒，一般采用喷雾法。防治卫生害虫，主要以可湿性粉剂兑水作滞留喷洒，或涂刷处理卫生害虫活动和栖息场所的表面。对蟑螂还可配制毒饵诱杀。防治卫生害虫不得使用乳油。适用作物有十字花科蔬菜、瓜类蔬菜、豆类蔬菜、茄果类蔬菜、芦笋、水稻、小麦、玉米、高粱、油菜、花生、大豆、甜菜、甘蔗、亚麻、向日葵、苜蓿、棉花、烟草、茶树、苹果、梨、桃、李、枣、柿、葡萄、栗、柑橘、香蕉、荔枝、杜果、林木、花卉、中草药植物、草地等。

（三）使用方法

溴氰菊酯主要用于喷雾防治害虫，有时根据需要也可拌土撒施。从害虫盛发初期或卵孵化盛期开始用药，及时均匀、周到喷雾。在粮、棉、油、菜、糖、茶、药用植物及草地等非果树林木类作物上使用时，一般每 667 m^2 使用 2.5%乳油或 25 g/L 乳油或 2.5%微乳剂 40~50 mL，或 2.5%可湿性粉剂 40~50 g，或 50 g/L 乳油 20~25 mL，或 25%水分散片剂 4~5 g，兑水 30~60 L 喷雾；在果树、茶村、林木及花卉上使用时，一般使用 2.5%乳油或 25 g/L 乳油或 2.5%可湿性粉剂或 2.5%微乳剂 1 500~2 000 倍液，或 50 g/L 乳油 3 000~4 000倍液，或 25%水分散片剂 15 000~20 000 倍液，均匀喷雾。

（四）注意事项

第一，在气温低时防效更好，因此使用时应避开高温天气。

第二，喷药要均匀周到，特别是防治豆荚螟、姜螟等钻蛀性害虫，应掌握在幼虫蛀入果荚或茎内之前及时用药防治。否则效果偏低。

第三，使用该类农药时，要尽可能减少用药次数和用药量，或与有机磷等非菊酯类农药交替使用或混用，有利于减缓害虫抗药性产生。

第四，不可与碱性物质混用，以免降低药效。

第五，该药对螨蚧类的防效甚低，不可专门用作杀螨剂，以免害螨猖獗为害。最好不单一用于防治棉铃虫、蚜虫等抗性发展快的害虫。

第六，安全间隔期，叶菜类收获前 15 天禁用此药。

二、联苯菊酯

（一）联苯菊酯理化性质

联苯菊酯（Bifenthrin），CAS 号 82657-04-3，化学式为 $C_{23}H_{22}ClF_3O_2$，化学名为（1R，S）-顺式-（Z）-2，2-二甲基-3-（2-氯-3，3，3-三氟-1-丙烯基）环丙烷羧酸-2-甲基-3-苯基苄酯，白色固体。可溶于氯仿、二氯甲烷、乙醚、甲苯、庚烷，微溶于戊烷。是 20 世纪 70—80 年代迅速发展起来的新型拟除虫菊类农用杀虫剂品种之一，在世界各国广泛使用。

（二）联苯菊酯的应用

以触杀作用和胃毒作用为主，无内吸作用，具有击倒作用强、广谱、高效、快速、长残效的特点。可用于防治棉铃虫、红铃虫、茶尺蠖、茶毛虫、苹果或山楂红蜘蛛、桃小食心虫、菜蚜、菜青虫、菜小蛾、柑橘潜叶蛾等。

（三）使用方法

防治棉铃虫、红铃虫于第二、三代卵孵盛期，幼虫蛀入蕾、铃之前，或防治棉红蜘蛛，在成、若螨发生期，用10%乳油3.4~6 mL/100 m² 兑水7.5~15 kg 或4.5~6 mL/100 m² 兑水7.5 kg 喷雾。并可兼治棉蚜、造桥虫、卷叶虫、刺蛾、蓟马等。防治茶尺蠖、茶毛虫、茶细蛾，用10%乳油4 000~10 000倍液喷雾。

三、氟氯氰菊酯

（一）氟氯氰菊酯理化性质

氟氯氰菊酯（Cyfluthrin），CAS号68359-37-5，化学式为$C_{22}H_{18}Cl_2FNO_3$，化学名为（RS）-α-氰基-4-氟-3-苯氧基苄基-（1RS，3RS，1RS，3RS）-3-（2，2-二氯乙烯基）-2，2-二甲基环丙烷羧酸酯黏稠的、部分结晶的琥珀色油状物。难溶于水，微溶于酒精，易溶于醚、酮、甲苯等有机溶剂。对碱不稳定，对酸稳定。

（二）氟氯氰菊酯的应用

具有触杀和胃毒作用，持效期长。适用于棉花、果树、蔬菜、茶树、烟草、大豆等作物的杀虫。能有效地防治禾谷类作物、棉花、果树和蔬菜上的鞘翅目、半翅目、同翅目和鳞翅目害虫，如棉铃虫、棉红铃虫、烟芽夜蛾、棉铃象甲、苜蓿叶象甲、菜粉蝶、尺蠖、苹果蠹蛾、菜青虫、小苹蛾、美洲黏虫、马铃薯甲虫、蚜虫、玉米螟、地老虎等害虫，剂量为0.012 5~0.05 kg/hm²（以有效成分计）。

（三）使用方法

钻食性害虫：如水稻钻心虫、纵卷叶螟虫、棉铃虫等，在卵盛孵期，幼虫未钻进作物前用2.5%乳油1 500~2 000倍液喷雾防治，药液均匀喷洒到作物受虫为害部分。

果树害虫：防治桃小食心虫，用2.5%乳油2 000~4 000倍液，或每100 mL水中加2.5%乳油25~500 mL喷雾。

蔬菜害虫：防治菜青虫须在幼虫 3 龄前进行防治，平均每株甘蓝有虫 1 头开始用药，用 2.5%乳油 26.8~33.2 mL/亩，兑水 20~50 kg 喷雾。蚜虫则必须在大发生前进行防治，药液均匀喷洒害虫体上及受虫为害部分。

四、敌稗

（一）敌稗理化性质

敌稗（Propanil），CAS 号 709-98-8，化学式 $C_9H_9Cl_2NO$，化学名为 N-（3′,4′-二氯苯基）丙酰胺；N-3,4-二氯苯基丙酰胺。纯品为白色针状结晶。m. p. 92~93 ℃，蒸气压 $1.2×10^{-2}$ Pa（60 ℃）。溶解度为：乙醇 54%、二甲基甲酰胺 60%、环己酮 35%、甲乙酮 25%、甲苯 3%、二甲苯 3%，水为 225 mg/L。在酸性和碱性介质中水解为 3,4-二氯苯胺和丙酸。在土壤中易分解，故不宜做土壤处理。成品在储存期析出结晶。对金属无腐蚀性。

（二）敌稗的应用

酰胺类高选择性的触杀型除草剂，主要用于秧田或直播田，是防除稗草的特效药，也可用于防除其他多种禾本科和双子叶杂草，如鸭舌草、水芹、马唐、狗尾草等。敌稗在植物体内几乎不输导，只是在药剂接触部位起作用。它的作用机制是多方面的，不仅破坏植物的光合作用，而且还抑制呼吸作用与氧化磷酸化作用，干扰核酸与蛋白质合成等。从而使敏感植物的生理机能受到影响，加速失水、叶片逐渐枯干，最后死亡。由于敌稗在水稻体内被水解酶迅速分解成无毒物质，由于水稻对敌稗的降解能力比稗草大 20 倍，所以对水稻安全。

（三）使用方法

使用时一般在稗草二叶至三叶一心期，用 20%敌稗乳油 113~150 mL/100 m²，兑水 5.3 kg 作茎叶喷雾处理。喷药前夜宜排干水层，第二天露水干后施药，再隔 24 h 灌水，保持 2 d 后正常排灌。光照强，效果较好。温度高于 30 ℃，易产生药害。在秧田和直播田使用，用药适期为稗草 1 叶 1 心至 2 叶 1 心期，喷药前 1 d 排水落干，喷药后 24 h 灌水淹稗，保水层 2 d。每亩用药量为 20%乳油 750~1 000 mL，兑水 35 kg，对茎叶喷雾。

（四）注意事项

敌稗施药时最好为晴天，但不要超过 30 ℃。水层不要淹没秧苗。敌稗在土壤中易分解，不能作土壤处理剂使用。不能与有机磷和氨基甲酸酯类农药混用，也不能在施用敌稗前两周或施用后两周内使用有机磷和氨基甲酸酯类农药，以免产生药害。喷雾器具用后要反复清洗干净。敌稗与2,4-滴丁酯混用防稻田稗草。应避免敌稗与液体肥料一起混用。盐碱较重的秧田，由于晒田引起泛盐，也会伤害水稻，可在保浅水或秧根湿润情况下施药，以免产生药害。

五、五氯硝基苯

（一）五氯硝基苯理化性质

五氯硝基苯（Quintozene），CAS号82-68-8，化学式$C_6Cl_5NO_2$，属有机氯保护性杀菌剂。纯品为白色无味结晶。工业品为白色或灰白色粉末。不溶于水，溶于有机溶剂，化学性质稳定，不易挥发、氧化和分解，也不易受阳光和酸碱的影响，但在高温干燥的条件下会爆炸分解，降低药效。

（二）五氯硝基苯的应用

主要用作土壤和种子处理。对多种蔬菜的苗期病害及土壤传染的病害有较好的防治效果。将五氯硝基苯与50%福美双可湿性粉剂，或50%多菌灵可湿性粉剂，或50%克菌丹可湿性粉剂按1:1混合后拌种或土壤处理，可以扩大防病种类，提高防治效果。

（三）使用方法

防治蔬菜苗期病害，如立枯病、猝倒病、炭疽病，用70%粉剂每平方米6~8 g，先用20~30倍细土配成药土，再均匀撒在苗床土上，然后播种。

防治马铃薯疮痂病、蔬菜菌核病、菜豆猝倒病、十字花科蔬菜根肿病，用40%粉剂1 kg，加30~50 kg干细土拌均匀，将药土施入播种沟、穴或根际，并覆土，每亩用药土10~15 kg。

（四）注意事项

一是大量的药剂与作物的幼芽接触时易产生药害。
二是对人、畜、鱼低毒，在土壤残效期长。

六、三氯杀螨醇

（一）三氯杀螨醇理化性质

三氯杀螨醇（Dicofol），CAS 号 115-32-2，化学式 $C_{14}H_9Cl_5O$，化学名为 1，1-二（对氯苯基）-2，2，2-三氯乙醇，是现代农牧业生产中常用的有机氯杀虫剂之一，近些年来已有越来越多的证据表明，其在环境中的暴露对鱼类、爬行类、鸟类、哺乳类和人类有毒性和雌激素效应，对水生生物有极高毒性。

（二）三氯杀螨醇的应用

广谱性杀螨剂，对成螨、幼若螨和卵均有效。用于防治棉花、果树、花卉的多种害螨。有较好的选择性，不伤害天敌，对蜂类安全。对害螨以触杀为主，残效期长，无内吸作用。但多年使用易产生抗性。

（三）使用方法

防治柑橘红蜘蛛，在春梢大量抽生期，或幼若螨发生始盛期，用 20% 乳油 800~1 000 倍液均匀喷雾。防治柑橘锈壁虱，在害螨发生始盛期，或害螨尚未转移为害果实前。用 20% 乳油 1 000~1 500 倍液均匀喷雾。

防治苹果红蜘蛛、山楂红蜘蛛，在苹果开花前后，幼若螨发生始盛期，平均每叶螨数 3~4 头；夏季平均每叶螨数 6~7 头时，用 20% 乳油 800~1 000 倍液均匀喷雾。

防治菊花、玫瑰等花卉上的害螨，在害螨发生始盛期，用 20% 乳油 1 000~3 000 倍液均匀喷雾。

（四）注意事项

第一，三氯杀螨醇本品不能与碱性药物混用。

第二，不宜用于茶树、食用菌、蔬菜、瓜类、草莓等作物。我国禁止"三氯杀螨醇"用于茶叶生产，农残超标主要是茶树鲜叶在生长过程中需治理各种病虫害，而使用农药不当或施用农药后安全间隔期不够就进行采茶，就会造成茶叶产品农药残留量超标。

第三，在柑橘、苹果等采收前 45 d，应停止用药。

第四，苹果的红玉等品种对该药容易产生药害，使用时要注意安全。

七、高效氯氟氰菊酯

（一）高效氯氟氰菊酯理化性质

高效氯氟氰菊酯（lambda-cyhalothrin），CAS 号 91465-08-6，化学式为 $C_{23}H_{19}ClF_3NO_3$，化学名为 3-（2-氯-3，3，3-三氟丙烯基）-2，2-二甲基环丙烷羧酸 α-氰基-3-苯氧苄基酯，纯品为白色固体，工业品为淡黄色固体，沸点 187~190 ℃/0.2 mmHg，蒸气压约 0.001 MPa（20 ℃），密度 1.25（25 ℃），溶解度水中 0.004 ppb（20 ℃），溶于丙酮、二氯甲烷、甲醇、乙醚、乙酸乙酯、己烷、甲苯均>500 g/L（20 ℃），50 ℃黑暗处存放 2 年不分解，光下稳定，275 ℃分解，光下 pH 值 7~9 缓慢分解，pH 值>9 加快分解。

（二）高效氯氟氰菊酯的应用

高效、广谱、速效拟除虫菊酯类杀虫、杀螨剂，以触杀和胃毒作用为主，无内吸作用。对鳞翅目、鞘翅目和半翅目等多种害虫和其他害虫，以及叶螨、锈螨、瘿螨、跗线螨等有良好效果，在虫、螨并发时可以兼治，可防治棉红铃虫和棉铃虫、菜青虫、菜缢管蚜、茶尺蠖、茶毛虫、茶橙瘿螨、叶瘿螨、柑橘叶蛾、橘蚜以及柑橘叶螨、锈螨、桃小食心虫及梨小食心虫等，也可用来防治多种地表和公共卫生害虫。如防治棉红铃虫、棉铃虫，在第二、三代卵盛期，用 2.5%乳油 1 000~2 000 倍液喷雾，兼治红蜘蛛、造桥虫、棉盲蝽；防治菜青虫、菜蚜分别以 6~10 mg/L、6.25~12.5 mg/L 浓度喷雾；防治柑橘潜叶蛾以 4.2~6.2 mg/L 浓度喷雾。

（三）使用方法

果树：2 000~3 000 倍液喷雾。
小麦蚜虫：20 mL/15 kg 水喷雾，水量充分。
玉米螟：15 mL/15 kg 水喷雾，重点玉米芯部。
地下害虫：20 mL/15 kg 水喷雾，水量充分；土壤干旱不宜使用。
水稻螟虫：30~40 mL/15 kg 水，于害虫为害初期或低龄期施药。

（四）注意事项

杀虫谱广，活性较高，药效迅速，喷洒后耐雨水冲刷，但长期使用易对其产生抗性，对刺吸式口器的害虫及害螨有一定防效，但对螨的使用剂量要比常规用量增加 1~2 倍。

八、氯菊酯

（一）氯菊酯理化性质

氯菊酯（Permethrin），CAS 号 52645-53-1，化学式为 $C_{21}H_{20}Cl_2O_3$，化学名为 3-苯氧基苄基-2，2-二甲基-3-（2，2-二氯乙烯基）-1-环丙烷羧酸酯，分子量为 391.288，无色晶体（但技术产品通常作为一种淡棕色液体供应）是一种杀昆虫化合物，神经毒剂。

（二）氯菊酯的应用

有较强的触杀和胃毒作用，具有击倒力强、杀虫速度快的特点。对光较稳定，在同等使用条件下，对害虫抗性发展也较缓慢，对鳞翅目幼虫高效。可用于蔬菜、茶叶、果树、棉花等作物防治菜青虫、蚜虫、棉铃虫、棉红铃虫、棉蚜、绿盲蝽、黄条跳甲、桃小食心虫、柑橘潜叶蛾、二十八星瓢虫、茶尺蠖、茶毛虫、茶细蛾等多种害虫。如防治棉铃虫、棉红铃虫，在卵孵盛期，用 10%乳油 1 000~1 250 倍液喷雾，兼治造桥虫、卷叶虫。

（三）氯菊酯的使用方法

棉花害虫的防治：棉铃虫于卵孵盛期，用 10%乳油 1 000~1 250 倍液喷雾。同样剂量可防治红铃虫、造桥虫、卷叶虫。棉蚜于发生期用 10%乳油 2 000~4 000 倍液喷雾，可有效控制苗蚜。防治伏蚜需增加使用剂量。

蔬菜害虫的防治：菜青虫、小菜蛾于 3 龄前进行防治，用 10%乳油 1 000~2 000 倍液喷雾。同时可兼治菜蚜。

果树害虫的防治：柑橘潜叶蛾于放梢初期用 10%乳油 1 250~2 500 倍液喷雾，同时可兼治橘等柑橘害虫，对柑橘害螨无效。桃小食心虫于卵孵盛期、当卵果率达 1%时进行防治，用 10%乳油 1 000~2 000 倍液喷雾。同样剂量，同样时期，还可以防治梨小食心虫，同时兼治卷叶蛾及蚜虫等果树害虫，但对叶螨无效。

茶树害虫的防治：防治茶尺蠖、茶细蛾、茶毛虫、茶刺蛾于 2~3 龄幼虫盛发期，以 2 500~5 000 倍液喷雾，同时兼治绿叶蝉、蚜虫。

烟草害虫的防治：桃蚜、烟青虫于发生期用 10~20 mg/kg 药液均匀喷雾。

（四）注意事项

一是不要与碱性物质混用。储运时防止潮湿、日晒，有的制剂易燃，不能近火源。

二是在使用过程中，如有药液溅到皮肤上，立即用肥皂和水清洗；如药液溅眼睛，立即用大量水冲洗。如误服应尽快送医院，进行对症治疗。

九、百菌清

（一）百菌清理化性质

百菌清（chlorothalonil），CAS 号 1897-45-6，化学式为 $C_8Cl_4N_2$，化学名为 2，4，5，6-四氯-1，3-苯二腈，是一种广谱保护性杀菌剂。百菌清能与真菌细胞中的三磷酸甘油醛脱氢酶发生作用，与该酶中含有半胱氨酸的蛋白质相结合，从而破坏该酶活性，使真菌细胞的新陈代谢受破坏而失去生命力。百菌清没有内吸传导作用，但喷到植物体上之后，能在体表上有良好的黏着性，不易被雨水冲刷掉，因此药效期较长。

（二）百菌清的应用

广谱性保护性杀菌剂，对多种作用真菌病害具有预防作用。药效稳定，残效期长。可用于麦类、水稻、蔬菜、果树、花生、茶叶等作物。如麦类赤霉病，用 75% 可湿性粉剂 11.3 g/100 m²，兑水 6 kg 喷雾；蔬菜病害（番茄早疫病、晚疫病、叶霉病、斑枯病、瓜类霜霉病、炭疽病）用 75% 可湿性粉剂 135~150 g，兑水 60~80 kg 喷雾；果树霜霉病、白粉病，用 75% 可湿性粉剂 75~100 g 兑水 30~40 kg 喷雾；此外还可用于桃腐病、疮痂病，茶炭疽病、茶饼病、茶网饼病，花生叶斑病，橡胶溃疡病，甘蓝霜霉病、黑斑病，葡萄炭疽病，马铃薯晚疫病，茄子灰霉病，橘子疮痂病。

（三）使用方法

防治枣、苹果等果树病害：从初发病时开始，至 8 月中旬，每 10~15 d 喷洒 1 次 56% 嘧菌·百菌清水乳剂（800~1 000）倍液 + 1 000 倍液"果宝"（果树专用型），可防治多种果树腐烂病、霜霉病、炭疽病、褐斑病和白粉病等。注意与其他杀菌剂交替使用。

防治黄瓜霜霉病、白粉病等病害：可于发病初期喷洒 56% 嘧菌·百菌清水乳剂（800~1 000）倍液+1 000倍液"果宝"（果树专用型），每7~10 d 1次，连续喷洒2~3次。

防治多种蔬菜的疫病、霜霉病、白粉病等病害：于发病初期开始喷洒56%嘧菌·百菌清水乳剂（800~1 000）倍液+1 000倍液"菜宝"（瓜茄果专用型），每7~10 d1次，连续喷洒2~3次。

防治番茄早疫病、晚疫病及霜霉病：在病害发生初期，每亩用56%嘧菌·百菌清水乳剂800~1 000倍液喷雾，每隔7~10 d喷1次。

（四）注意事项

百菌清对人的皮肤和眼睛有刺激作用，少数人有过敏反应，一般可引起轻度接触性皮炎。本品应该防潮防晒，储存在阴凉干燥处。严禁与食物、种子、饲料混放，以防误服、误用。使用后的废弃容器要妥善安全处理。本品10%油剂对桃，梨、柿、梅及苹果幼果可致药害。

十、三唑酮

（一）三唑酮理化性质

三唑酮（Triadimefon），CAS号43121-43-3，化学式为$C_{14}H_{16}ClN_3O_2$，化学名1-（4-氯苯氧基）-3，3-二甲基-1-（1H-1，2，4-三唑-l-基）-α-丁酮。常用作杀菌剂。三唑酮是一种高效、低毒、低残留、持效期长、内吸性强的三唑类杀菌剂。被植物的各部分吸收后，能在植物体内传导。

（二）三唑酮的应用

对锈病和白粉病具有预防、铲除、治疗等作用。对多种作物的病害如玉米圆斑病、麦类云纹病、小麦叶枯病、凤梨黑腐病、玉米丝黑穗病等均有效。三唑酮的杀菌机制原理极为复杂，主要是抑制菌体麦角甾醇的生物合成，因而抑制或干扰菌体附着孢及吸器的发育，菌丝的生长和孢子的形成，对菌丝的活性比对孢子强。三唑酮可以与许多杀菌剂、杀虫剂、除草剂等现混现用。对锈病、白粉病和黑穗病有特效，对玉米、高粱等的丝黑穗病、玉米圆斑病，具有较好的防治效果。

（三）使用方法

1. 防治麦类黑穗病、锈病、白粉病、云纹病等

麦类黑穗病100 kg种子拌有效成分30 g（15%可湿性粉剂200 g）的药

剂；对锈病、白粉病、云纹病可在病害发生初期，每亩用有效成分 8.75 g（25%乳油 35 g），严重时可用 15 g 有效成分（若用 25%乳油，则需 60 g）兑水 75~100 kg 喷雾。

2. 防治玉米丝、高粱丝黑穗病

玉米丝黑穗病每 100 kg 种子用 15%可湿性粉剂 533 g 拌种；高粱丝黑穗病，每 100 kg 种子用 15%可湿性粉剂 266~400 g 拌种。

3. 防治瓜类白粉病

大田用 25%可湿性粉剂 5 000 倍液喷雾 1~2 次，温室用 25%可湿性粉剂 1 000 倍液喷雾 1~2 次。菜豆类锈病可在发病初期或再感染时，用 25%可湿性粉剂 2 000 倍液喷雾 1~2 次。

（四）注意事项

可与碱性以及铜制剂以外的其他制剂混用。拌种可能使种子延迟 1~2 d 出苗，但不影响出苗率及后期生长。药剂置于干燥通风处。无特效解毒药，只能对症治疗。

十一、腐霉利

（一）腐霉利理化性质

腐霉利（Procymidone），CAS 号 32809-16-8，化学式 $C_{13}H_{11}Cl_2NO_2$，化学名为 N-（3，5-二氯苯基）-1，2-二甲基环丙烷-1，2-二羰基亚胺，是新型杀菌剂，属于低毒性杀菌剂。主要是抑制菌体内甘油三酯的合成，具有保护和治疗的双重作用。原药对大雄鼠急性经口 LD50>7 700 mg/kg，大鼠急性经皮半数致死量 LD50>2 500 mg/kg，在试验条件下无致癌、致畸、致突变作用。

（二）腐霉利的应用

腐霉利对作物的保护作用突出，持效期长，能有效阻止病斑的发展。不管在发病前进行保护性使用或是在发病初期使用均可取得满意效果。喷洒后可以通过作物的叶和根迅速吸收，因此，即便没有直接喷洒到药剂部分的病害也能被控制，对已经侵入到植物体内深部的病菌也有效。腐霉利的耐雨性好，与常用的杀菌剂如多菌灵、百菌清、甲基托布津、代森锰锌等杀菌机理完全不同，因此在苯并咪唑类药剂（如多菌灵）防治效果差的情况下，使用腐霉利仍然可以获得满意的防治效果。腐霉利适用于果树、蔬菜、花卉等的菌核病、灰霉病、黑星病、褐腐病、大斑病的防治。

（三）使用方法

1. 防治蔬菜病害

防治黄瓜灰霉病：在幼果残留花瓣初发病时开始施药，喷50%可湿性粉剂1 000~1 500倍液，隔7 d喷1次，连喷3~4次。

防治黄瓜菌核病：在发病初期开始施药每亩用50%可湿性粉剂35~50 g，兑水50 kg喷雾；或亩用10%烟剂350~400 mL点燃放烟，隔7~10 d施1次。喷雾，还应结合涂茎，即用50%可湿性粉剂加50倍水调成糊状液，涂于患病处。

防治番茄灰霉病：在发病初苗用35%悬浮剂75~125 g或50%可湿性粉剂35~50 g，兑水常规喷雾。对棚室的番茄，在进棚前5~7 d喷1次；移栽缓苗后再喷1次；开花期施2~3次，重点喷花；幼果期重点喷青果。在保护地里也可熏烟，亩用10%烟剂300~450 g。也可与百菌清交替使用。

防治辣椒灰霉病：发病前或发病初喷50%可湿性粉剂1 000~1 500倍液，保护地亩用10%烟剂200~250 g放烟。

防治辣椒等多种蔬菜的菌核病，在育苗前或定植前，亩用50%可湿性粉剂2 kg进行土壤消毒。田间发病喷可湿性粉剂1 000倍液，保护亩用10%烟剂250~300 g放烟。

2. 防治果树病害

防治葡萄、草莓灰霉病：于发病初期开始施药，用50%可湿性粉剂1 000~1 500倍液或20%悬浮剂400~500倍液喷雾，隔7~10 d再喷1次。

防治苹果、桃、樱桃褐腐病：于发病初期开始喷50%可湿性粉剂1 000~2 000倍液，隔10 d左右喷1次，共喷2~3次。

防治苹果斑点落叶病：于春、秋梢旺盛生长期喷50%可湿性粉剂1 000~1 500倍液2~3次，其他时间由防治轮纹烂果病药剂兼治。

防治枇杷花腐病：喷50%可湿性粉剂1 000~1 500倍液。

（四）注意事项

一是该药剂容易产生抗药性，不可连续使用，同时应与其他农药交替喷洒，药剂要现配现用，不要长时间放置。

二是不要与强碱性药物如波尔多液、石硫合剂混用，也不要与有机磷农药混配。

三是防治病害应尽早用药，尽量发病前或发病初期使用。

四是药剂应存放在阴暗、干燥通风处。若不慎皮肤沾染药液，或者眼睛溅入药液，应该立即用大量清水冲洗；误服后要立即送医院洗胃，按照医生医嘱治疗。

十二、丁草胺

（一）丁草胺理化性质

丁草胺（Butachlor），CAS 号 23184-66-9，化学式 $C_{17}H_{25}Cl_2NO_2$，化学名为 2-氯-2′，6′-二乙基-N-（丁氧甲基）乙酰替苯胺，是选择性芽前除草剂。

（二）丁草胺的应用

丁草胺为选择性芽前除草剂，通过其幼芽和幼小的次生根吸收，抑制蛋白质的合成，使杂草死亡。主要用于稻田防除一年生禾本科杂草和一年生莎草科杂草，及某些一年生阔叶杂草，也可用于大麦、小麦、棉花、花生作物田的杂草防除。如防除稻田稗草、水葱、萤蔺、牛毛毡、节节草、鸭舌草等杂草用 10~30 g 有效成分/100 m²。水稻秧田播前 2~3 d 用 60%乳油 6.8 g/100 m²。冬小麦、大麦在播种覆土后，结合灌出苗水或降雨，在土壤水分良好的情况下，用 60%乳油 15~18.8 mL/100 m²，兑水均匀喷雾土表。

（三）使用方法

菜豆、豇豆、小白菜、茴香、育苗甘蓝、菠菜等直播菜田除草，于播种前亩用 60%乳油 100 mL，兑水 40~50 kg，均匀喷雾畦面，然后播种。

花椰菜、甘蓝、茄子、甜（辣）椒、番茄等移栽田，于定植前亩用 60%乳油 150 g，兑水 50 kg，均匀喷雾处理土壤。

（四）注意事项

丁草胺为选择性芽前除草剂，主要用于直播或移栽水稻田防除一年生禾本科杂草及某些阔叶杂草，对小麦、大麦、甜菜、棉花、花生和白菜作物也有选择性。有效剂量为 1.0~4.5 kg/hm²（有效成分）。一般是作芽前土壤表面处理，水田苗后也可应用，是水稻田除草剂的重要品种。

十三、甲氰菊酯

（一）甲氰菊酯理化性质

甲氰菊酯（Fenpropathrin），CAS 号 39515-41-8；64257-84-7，化学式 $C_{22}H_{22}NO_3$，化学名为 α-氰基-3-苯氧基苄基-2,2,3,3-四甲基环丙烷酸酯，属神经毒剂，是一种拟除虫菊酯类杀虫杀螨剂，中等毒性，具有触杀、胃毒和一定的驱避作用，无内吸、熏蒸作用。

（二）甲氰菊酯的应用

甲氰菊酯适用作物非常广泛，常使用于苹果、柑橘、荔枝、桃树、栗树等果树及棉花、茶树、十字花科蔬菜、瓜果类蔬菜、花卉等植物，主要用于防治叶螨类、瘿螨类、菜青虫、小菜蛾、甜菜夜蛾、棉铃虫、红铃虫、茶尺蠖、小绿叶蝉、潜叶蛾、食心虫、卷叶蛾、蚜虫、白粉虱、蓟马及盲蝽类等多种害虫、害螨。广泛用于各种果树、棉花、蔬菜、茶叶等作物的虫螨防治。

（三）使用方法

甲氰菊酯主要通过喷雾防治害虫、害螨，在卵盛期至孵化期或害虫害螨发生初期或低龄期用药防治效果好。一般使用 20% 乳油或 20% 水乳剂，或 20% 可湿性粉剂 1 500~2 000 倍液，或 10%~20% 乳油或 10% 微乳剂 800~1 000 倍液，均匀喷雾，特别注意果树的下部及内膛。

（四）注意事项

注意与有机磷类、有机氯类等不同类型药剂交替使用或混用，以防产生抗药性。在低温条件下药效更高、持效期更长，特别适合早春和秋冬使用。采收安全间隔期棉花为 21 d、苹果为 14 d。无内吸、熏蒸作用。该药击倒效果快，持效期长，其最大特点是对许多种害虫和多种叶螨同时具有良好的防治效果，特别适合在害虫、害螨并发时使用。

十四、氯氰菊酯

（一）氯氰菊酯理化性质

氯氰菊酯（Cypermethrin），CAS 号为 86753-92-6，化学式为 $C_{22}H_{19}Cl_2NO_3$，

工业品为黄色至棕色黏稠固体，60 ℃时为黏稠液体。是一种杀虫剂。属中等毒类，对皮肤黏膜有刺激作用。加热超过220 ℃，氯氰菊酯会分解生成氰化物气体。

（二）氯氰菊酯的应用

属于拟除虫菊酯类杀虫剂。具有广谱、高效、快速的作用特点，对害虫以触杀和胃毒为主，适用于鳞翅目、鞘翅目等害虫，对螨类效果不好。对棉花、大豆、玉米、果树、葡萄、蔬菜、烟草、花卉等作物上的蚜虫、棉铃虫、斜纹夜蛾、尺蠖、卷叶虫、跳甲、象鼻虫等多种害虫有良好防治效果。通常用药量为 0.3~0.9 g/100 m^2。如防治棉铃虫和红铃虫，在卵孵盛期，幼虫蛀入蕾、铃之前，用10%乳油 1 000~1 500倍液喷雾；对柑橘害虫用 30~100 mg/L 浓度喷雾；防治茶叶害虫用 25~50 mg/kg 浓度喷雾。

（三）使用方法

柑橘潜叶蛾：每亩用 4.5%乳油加水稀释 2 250~3 000 倍，均匀喷雾。

小麦蚜虫：每亩用 2.5%乳油 20 mL，加水 15 kg，均匀喷雾。

烟青虫于 2~3 龄幼虫期施药，每亩 4.5%乳油 25~40 mL，兑水 60~75 kg，均匀喷雾。

玉米螟：每亩用 2.5%乳油 15 mL，加水 15 kg，喷施重点玉米芯部。

地下害虫：每亩 2.5%乳油 20 mL，加水 15 kg，均匀喷雾（土壤干旱不宜使用）。

菜蚜：在无翅蚜发生盛期防治，每亩用 4.5%乳油 20~30 mL，加水 40~50 kg，均匀喷雾。

水稻螟虫：每亩用 2.5%乳油 30~40 mL，加水 15 kg，于害虫为害初期或低龄期施药。

（四）注意事项

一是氯氰菊酯不能与碱性农药混用，以免分解失效。

二是注意农作物用药安全间隔期，叶菜类 7 d，番茄 5 d，苹果 30 d，柑橘、桃 15 d，茶叶 15 d。

三是应注意氯氰菊酯不能用于水稻田。

十五、氰戊菊酯

（一）氰戊菊酯理化性质

氰戊菊酯（Fenvalerate），CAS 号为 51630-58-1，化学式为 $C_{25}H_{22}ClNO_3$，黄色到褐色黏稠油状液体。本品于 1974 年由日本住友公司合成。原药为褐色黏稠油状液体，比重为 1.26（26 ℃），室温下有部分结晶析出，蒸馏时分解。密度为 1.175 g/mL（25 ℃），沸点大于 200 ℃（1.0 mmHg），熔点 59.0～60.2 ℃，蒸气压 $1.92×10^{-5}$ Pa（20 ℃）。几乎不溶于水，易溶于二甲苯、丙酮、氯仿等有机溶剂。燃点 420 ℃，闪点大于 200 ℃，常温储存稳定性两年以上。对热、潮湿稳定，酸性介质中相对稳定，碱性介质中迅速水解。

（二）氰戊菊酯的应用

氰戊菊酯为广谱高效杀虫剂，作用迅速、击倒力强，以触杀为主，可防治多种棉花害虫，如棉铃虫、棉蚜等，广泛用于防治大豆、玉米、果树、蔬菜的害虫，也可用于防治家畜和仓储等方面的害虫。

（三）使用方法

棉花害虫的防治：棉铃虫于卵孵盛期、幼虫蛀蕾铃之前施药，每亩用 20%乳油 25～50 mL 兑水喷雾。棉红铃虫在卵孵盛期也可用此浓度进行有效防治。同时可兼治红蜘蛛、小造桥虫、金刚钻、卷叶虫、蓟马、盲蝽等害虫。棉蚜每亩用 20%乳油 10～25 mL，对伏蚜则要增加用量。

果树害虫的防治：柑橘潜叶蛾在各季新梢放梢初期施药，用 20%乳油 5 000～8 000 倍液喷雾。同时兼治橘蚜、卷叶蛾、木虱等。柑橘介壳虫于卵孵盛期用 20%乳油 2 000～4 000 倍液喷雾。

蔬菜害虫的防治：菜青虫 2～3 龄幼虫发生期施药，每亩用 20%乳油 10～25 mL。小菜蛾在 3 龄前用 20%乳油 15～30 mL/亩进行防治。

大豆害虫的防治：防治食心虫于大豆开花盛期、卵孵高峰期施药，每亩用 20%乳油 20～40 mL，能有效防治豆荚被害，同时可兼治蚜虫、地老虎。

小麦害虫的防治：防治麦蚜、黏虫，于麦蚜发生期、黏虫 2～3 龄幼虫发生期施药，用 20%乳油 3 000～4 000 倍液喷雾。

防治枣树、苹果等果树的桃小食心虫、梨小食心虫、刺蛾、卷叶虫等，在成虫产卵期间，于初孵幼虫蛀果前喷布 3 000 倍 20%氰戊菊酯乳油液＋1 000 倍果树专用型"天达2116"液,可杀灭虫卵、幼虫,防止蛀果,其残效期可维持10~15 d,保果率高。

防治螟蛾、叶蛾等,在幼虫出蛰为害初期喷布20%氰戊菊酯乳油2 000~3 000倍液+1 000倍果树专用型"天达2116"液,杀虫保叶效果好,还可兼治蚜虫、木虱等。

防治叶蝉、潜叶蛾等,在成虫产卵初期喷布20%乳油4 000~5 000倍液,杀虫保叶效果良好。

防治枣树、苹果等果树的食叶性害虫刺蛾类、天幕毛虫、苹果舟蛾等,在低龄幼虫盛发期、集中为害时喷布20%乳油2 000~5 000倍液。

(四)注意事项

一是不要与碱性农药等物质混用。

二是在害虫、害螨并发的作物上使用此药,由于对螨无效,对天敌毒性高,易造成害螨猖獗,所以要配合杀螨剂。

三是在使用过程中如药液溅到皮肤上,应立即用肥皂清洗,如药溅到眼中,应立即用大量清水冲洗。如误食,可用促吐、洗胃治疗,对全身中毒初期患者,可用二苯甘醇酰脲或乙基巴比特对症治疗。

参考文献

陈岩,郑锦锦,杨慧,等,2018. 我国蔬菜合理用药情况调查分析 [J]. 农药,57(9):627-631.

聂继云,李志霞,刘传德,等,2014. 苹果农药残留风险评估 [J]. 中国农业科学,47(18):3655-3667.

中华人民共和国农业农村部农药检定所,(2019-09-07). 农药登记数据 [EB/OL].http://www.chinapesticide.org.cn/hysj/index.jhtml.

第四章　农产品中常见氨基甲酸酯类农药及其使用

一、涕灭威

（一）涕灭威理化性质

涕灭威（Aldicarb），CAS号为116-06-3，化学式为$C_7H_{14}N_2O_2S$，有剧毒，主要用作农用杀虫剂。

2017年10月27日，世界卫生组织国际癌症研究机构公布的致癌物清单初步整理参考，涕灭威在3类致癌物清单中。

（二）涕灭威的应用

涕灭威是一种内吸性杀虫剂，具有触杀、胃毒和内吸作用，主要用于防治棉花害虫如棉蚜、棉红蜘蛛、棉蓟马、象鼻虫等，也可防治甜菜、麻类及花卉害虫；用作农用杀虫剂。

（三）使用方法

涕灭威属高毒农药，只限于作物沟施或穴施，在播种前或出土后根侧土中追施。棉蚜、棉盲蝽、棉叶蜂、棉红蜘蛛、棉铃象甲、粉虱、蓟马、线虫等害虫的防治如下。

一是沟施法：每亩用15%颗粒剂1 000~1 200 g，掺细土5~10 kg，拌匀后按垄开沟，将药沙土均匀施入沟内，播下种子后覆土；二是根侧追施法：棉花出苗后，现蕾期追施，采用条施后穴施。距棉株10~15 cm开沟或开穴，每亩有效成分60~120 g，施后覆土。线虫的防治可在播种或作物生长期使用，用穴施或沟施法能有效防治各种线虫。防治根结线虫每亩有效成分170~200 g，大豆胞囊线虫每亩有效成分100~150 g，柑橘根结线虫每亩用600~800 g。

（四）注意事项

国家规定涕灭威禁止在蔬菜、瓜果、茶叶、菌类、中草药材上使用，禁止用于防治卫生害虫，禁止用于水生植物的病虫害防治。

二、速灭威

（一）速灭威理化性质

速灭威（Mtmc），CAS 号为 1129-41-5，化学式为 $C_9H_{11}NO_2$，为中等毒性杀虫剂。无慢性毒性，无致癌、致畸、致突变作用，对鱼有毒，对蜜蜂高毒。速灭威具有触杀和熏蒸作用，击倒力强，持效期较短。

（二）速灭威的应用

速灭威对稻飞虱、稻叶蝉、稻蓟马有特效。对稻田水蛭有良好杀伤作用。

（三）使用方法

水稻害虫的防治：每亩用 20% 乳油 125～250 mL，或 25% 可湿性粉剂 125～200 g，兑水 300～400 kg 泼浇，或兑水 100～150 kg 喷雾，3% 粉剂每亩用 2.5～3 kg 直接喷粉。

棉花害虫的防治：棉蚜、棉铃虫每亩用 25% 可湿性粉剂 200～300 倍液喷雾。棉叶蝉每亩用 3% 粉剂 2.5～3 kg 直接喷粉。

茶树害虫的防治：使用 25% 可湿性粉剂 600～800 倍液喷雾。

柑橘害虫的防治：防治柑橘锈壁虱用 20% 乳油或 25% 可湿性粉剂 400 倍液喷雾。

（四）注意事项

一是不能与碱性农药混用。

二是某些水稻品种如农虎 3 号等对速灭威敏感，使用时应小心。

三是下雨前不宜施药，食用作物在收获前 10 d 停止使用。

四是解毒药为阿托品，葡萄糖醛酸内酯及胆碱。

三、克百威

（一）克百威理化性质

克百威（Carbofuran），CAS 号 1563-66-2，化学式为 $C_{12}H_{15}NO_3$，是一种氨基甲酸酯类杀虫剂，为白色结晶性粉末，有剧毒，25 ℃时水中溶解度为 700 mg/kg，在中性和酸性条件下较稳定，在碱性介质中不稳定，水解速度随 pH 值和温度的升高而加快。

（二）克百威的应用

克百威是广谱、高效、低残留、高毒性的氨基甲酸酯类杀虫、杀螨、杀线虫剂，具有内吸、触杀、胃毒作用，并有一定的杀卵作用，持效期较长，一般在土壤中半衰期为 30~60 d。可用于防治水稻螟虫、稻蓟马、稻纵卷叶虫、稻飞虱、稻叶蝉、稻象甲、玉米螟、玉米切根虫、棉蚜、棉铃虫、大豆蚜、大豆食心虫、螨类及线虫等。一般用量为 6.8~10 g 有效成分/100 m²，或 3%颗粒剂 225~300 g/100m²。棉花种子处理可先将棉种经硫酸脱绒，再用 35%种衣剂（有效成分为种子干重 1%）包衣处理，可防治棉蚜、地老虎等害虫。

（三）使用方法

1. 防治水稻害虫
稻螟、稻飞虱、稻蓟马、稻叶蝉、稻瘿蚊、水稻潜叶蝇、水稻象甲、稻摇蚊等。
根区施药：在播种或插秧前，每亩用 3%呋喃丹颗粒剂 2.5~3.0 kg，残效期可达 40~50 d。亦可在晚稻秧田播种前施用，对稻瘿蚊防治效果尤佳。
水面施药：每亩用 3%呋喃丹颗粒剂 1.5~2.0 kg，掺细土 15~20 kg 拌匀，均匀撒施水面，保持浅水，同时可兼治水蛭。为增加撒布的均匀度，可将上述用药量的 3%呋喃丹颗粒剂与 10 倍量的半干土混合均匀，配制成毒土，随配随用，均匀撒施于水面。在保水好时，持效期可达 30 d。
播种沟施药：在陆稻种植区，3%呋喃丹颗粒剂与稻种同步施入播种沟内，每亩用药量为 2.0~2.5 kg。
旱育秧水稻：在插秧前 7~10 d 向秧田撒施 3%呋喃丹颗粒剂，每亩用（秧田）7~10 kg，即每平方米秧田撒施 10~15 g，可防治本田发生的水稻潜叶蝇。

2. 防治棉花害虫

防治棉田棉蚜、棉蓟马、地老虎及线虫等。

播种沟施药：在棉花播种时，每亩用3%呋喃丹颗粒剂1.5~2.0 kg，与种子同步施入播种沟内。用机动播种机带有定量下药装置施药，则既准确又安全。

根侧追施：一般采用沟施或穴施方法进行追施，沟施每亩用3%呋喃丹颗粒剂2~3 kg，距棉株10~15 cm沿垄开沟，深度为5~10 cm，施药后即覆土。穴施以每穴施3%颗粒剂0.5~1.0 g为宜，在追施后如能浇水，效果更好，一般在施药4~5 d后才能发挥药效。

种子处理：棉种要先经硫酸或泡沫硫酸脱绒，每千克棉用35%呋喃丹种子处理剂28 mL加水混合拌种。

3. 防治烟草害虫

防治烟草夜蛾、烟蚜、烟草根结线虫以及烟草潜叶蛾、小地老虎、蝼蛄等地下害虫。

苗床期施药：每平方米用3%呋喃丹颗粒剂15~30 g，均匀撒施于苗床上面，然后翻入土中8~10 cm，移栽烟苗前1周，需再施药1次，施于土面，然后浇水以便把呋喃丹有效成分淋洗到烟苗根区，可保护烟苗移栽后早期不受害虫为害。

烟田施药：移栽烟苗时在移栽穴内施3%呋喃丹颗粒剂1~1.5 g。

4. 防治甘蔗害虫

呋喃丹对蔗螟、金针虫、甘蔗蚜虫、甘蔗蓟马及甘蔗线虫等有效，均可采取土壤施药法，于播种沟内施颗粒剂，每亩用3%呋喃丹颗粒剂2.2~4.4 kg，施药后覆土。

5. 防治大豆及花生害虫

大豆蚜、大豆根潜蝇及大豆胞囊线虫：在播种沟内施药防治，每亩用3%呋喃丹颗粒剂2.2~4.4 kg，施药后覆土。

花生蚜、斜纹夜蛾及根结线虫：在播种期采取带状施药的方法，带宽30~40 cm，每亩用3%呋喃丹颗粒剂4~5 kg，施药后翻入10~15 cm中。在花生成株期，可侧开沟施药，每10米长沟内施3%呋喃丹颗粒剂33 g，然后覆土。

6. 防治玉米害虫

用3%呋喃丹颗粒剂，于玉米喇叭口期按照3~4粒/株的剂量逐株放入玉米叶心（喇叭口），可达到良好的防虫效果。另外每千克玉米种子用35%呋喃丹种子处理剂28 mL，加水30 mL混合拌种，可有效地防治地下害虫。

7. 防治甜菜、蔬菜害虫

35%呋喃丹种子处理剂用于甜菜、油菜等多种作物拌种，防治幼苗期跳甲、象甲、蓟马、蚜虫等多种害虫。具有黏着力强。展着均匀、不易脱落、成膜性好、干燥快、有光泽、缓释等优点。甜菜每千克种子用35%呋喃丹种子处理剂23~28 mL，加40~50 mL水混合均匀后拌种。如兼防甜菜立枯病可加50%福美双可湿性粉剂8 g加70%土菌消可湿性粉剂5 g加增产菌浓缩液5 mL混合拌种，拌药最好用拌药机。油菜每千克种子用35%呋喃丹种子处理剂23~28 mL，加水30~40 mL加50%福美双可湿性粉剂8 g加70%土菌消可湿性粉剂5 g加增产菌浓缩液5 mL混合拌种，可做到病虫兼治，培育壮苗。

（四）注意事项

2019年12月27日，克百威被列入食品动物中禁止使用的药品及其他化合物清单。

四、甲萘威

（一）甲萘威理化性质

甲萘威（Carbaryl），CAS号63-25-2，化学式为$C_{12}H_{11}NO_2$，是一种用于控制农作物、树木和观赏植物害虫的广谱氨基甲酸酯类杀虫剂，分子式为$C_{10}H_7OCONHCH_3$。纯品为白色结晶固体。难溶于水，易溶于极性有机溶剂丙酮、环己酮、二甲基甲酰胺等。对热（70 ℃以内）、光和酸稳定。在pH值>10的碱液中易分解为甲萘酚。

（二）甲萘威的应用

对害虫有强烈的触杀作用，兼有胃毒作用，并有轻微的内吸作用。用于防治棉铃虫、卷叶虫、棉蚜、造桥虫、蓟马和稻叶蝉、稻纵卷叶螟、稻苞虫、稻蓟马及果树害虫，也可防治菜园蜗牛、蛞蝓等软体动物。常用剂量为2.6~20 g/100 m。用于防治稻飞虱、叶蝉、蓟马、豆蚜、大豆食心虫、棉铃虫及果树害虫、林业害虫等该品为氨基甲酸酯类杀虫剂，具有触杀、胃毒作用，微有内吸性质，能防治150多种作物的100多种害虫。可加工成可湿性粉剂或胶悬剂，用于防治水稻稻飞虱、稻叶蝉、棉花红铃虫、大豆食心虫和果树害虫。对有机氯，有机磷有抗性的昆虫有较好的防治效果。用药量一般为每亩 25~50 g 有效成分。该品不可与碱性农药混配使用。对蜜蜂毒性高，养蜂地区在开花季节不宜使用。

（三）使用方法

水稻害虫：对三化螟，用 25%可湿性粉剂 200~300 g/亩，兑水 40~60 L 喷雾。对稻叶蝉、稻蓟马、稻飞虱，用 25%可湿性粉剂 250 倍液喷雾。

旱粮作物害虫：对黏虫，用 25%可湿性粉剂 500 倍液喷雾。麦叶蜂用 25%可湿性粉剂 200 倍液喷雾。对玉米螟，用 25 26 可湿性粉剂 500 g，拌细土 7.5~10 kg，撒施于玉米喇叭口，每株施毒土 1 g。

棉花害虫：对棉蚜，用 25%可湿性粉剂 500 倍液喷雾。对棉铃虫、红铃虫、金刚钻，用 25%可湿性粉剂 100~200 倍液喷雾。

蔬菜害虫：防治菜青虫用 25%可湿性粉剂 150 倍液喷雾。

果树害虫：对刺蛾，用 25%可湿性粉剂 200 倍液喷雾。对梨小食心虫、桃小食心虫，用 25%可湿性粉剂 600~800 倍液喷雾。

（四）注意事项

第一，本品对益虫杀伤力较强，使用时注意对蜜蜂的安全防护。
第二，本品不能防治螨类，使用不当会因杀伤天敌过多而促使螨类盛发。
第三，瓜类对本品敏感，易发生药害。

五、异丙威

（一）异丙威理化性质

异丙威（Isoprocarb），又称为叶蝉散、灭扑威，CAS 号 2631-40-5，化学式为 $C_{11}H_{15}NO_2$，是一种触杀性兼有内吸作用的杀虫剂，属中等毒性杀虫剂。

（二）异丙威的应用

异丙威是一种触杀性兼有内吸作用的杀虫剂，属胆碱酯酶抑制剂，是具有触杀和胃毒作用的杀虫剂，速效、残效期短，用于防治水稻、可可、蔬菜、甘蔗及其他作物中的稻飞虱、稻叶蝉、蚜虫、臭虫等。对飞虱天敌、蜘蛛类安全。

（三）使用方法

第一，防治稻飞虱、稻叶蝉在若虫高峰期，用异丙威可湿性粉剂，兑水50 kg喷雾；或用4%异丙威颗粒剂撒施。施药时保持田水3 cm左右，还可兼治稻蓟马及水蛭。

第二，防治甘蔗扁飞虱，留宿根的甘蔗在开垄后培土前用异丙威粉，混细土20 kg，撒施于甘蔗心叶及叶鞘间。

第三，防治杧果叶蝉，在花蕾期和坐果期，用异丙威粉剂。

（四）注意事项

第一，异丙威不可以在薯类作物中使用，对薯类有药害。

第二，本品与敌稗相克，在施用异丙威前后10 d不得使用。

第三，一定要注意用药，如果药液不慎溅入眼中，必须要使用大量清水快速冲洗。如吸入中毒，应将中毒者移到通风处躺下休息。如误服中毒，要给中毒者喝温食盐水催吐。中毒严重者，可服用或注射阿托品，严禁使用吗啡或解磷定。

六、仲丁威

（一）仲丁威理化性质

仲丁威（Fenobucarb），CAS号3766-81-2，化学式为$C_{12}H_{17}NO_2$，是一种氨基甲酸酯类杀虫剂。低毒，具有强烈的触杀作用，并具一定胃毒、熏蒸和杀卵作用。仲丁威的中毒症状与轻度有机磷农药中毒相似，但一般较轻，以毒蕈碱样症状较为明显，可出现头昏、头痛、乏力、恶心、呕吐、流涎、多汗及瞳孔缩小，血液胆碱酯酶活性轻度受抑制，因此一般病情较轻，病程较短，复原较快。

（二）仲丁威的应用

仲丁威是一种氨基甲酸酯类杀虫剂。低毒，具有强烈的触杀作用，并具一定胃毒、熏蒸和杀卵作用。对稻飞虱和黑尾叶蝉及稻蝽象触杀有速效，持效期短，一般只能维持4~5 d，亦可防治棉蚜和棉铃虫。除碱性农药外，可同常用的杀虫剂、杀菌剂混用。在一般用量下对作物无药害，对植物有渗透输导作用。

（三）使用方法

杀灭稻飞虱、稻蓟马、稻叶蝉，平均每亩使用 25%的乳油 100~200 mL，添加清水 100 kg 进行喷雾。防治三化螟、稻纵卷叶螟，平均每亩使用 25%的乳油 200~250 mL，添加清水 100~150 kg 喷雾。

（四）注意事项

一是不能与碱性农药混合使用，以免分解失效。
二是在稻田施药的前后 10 d，避免使用敌稗，以免发生药害。

第五章　农产品中农药残留分析方法

第一节　农产品中农药残留

一、农产品中农药残留概述

农产品是农业中生产的物品，如大米、高粱、花生、玉米、小麦等粮食和蔬菜瓜果以及各个地区土特产等。国家规定初级农产品是指农业活动中获得的植物、动物及其产品，不包括经过加工的各类产品。近年来农产品质量安全事件时有发生，有些老百姓会有"能不能不使用农药"的疑问。世界使用农药的历史仅有 200 余年，但农药使用量在不断增加。原因在于，人口增长需要大力发展农业生产，以保障粮食的安全供给；同时，现代农业的发展也越来越依赖农药对农产品的保护作用。有研究指出，农作物病虫草害引起的损失最多可达 70%，通过正确使用农药可以挽回 40%左右的损失。我国是一个人口众多、耕地紧张的国家，粮食增产和农民增收始终是农业生产的主要目标，而使用农药控制病虫草害从而减少粮食减产是必要的技术措施，如果不使用农药，我国肯定会出现饥荒。农业机械化等现代农业技术也需要使用农药进行除草、控高、脱叶、坐果等，以利于机械化操作。农药对作物必不可少，其重要性就像医药对人类一样。但是，通过一些措施可减少农药残留的质量安全风险，一是全面开展病虫草害综合防治，减少农药使用量；二是正确、规范地使用农药，减少农药残留量；三是大力推广生物农药，减少化学农药的使用，不断降低农药残留水平。农业部门一直致力于此项工作。

农药残留是指农药使用后残存于生物体、农副产品和环境中的微量农药原体、有毒代谢物、降解物和杂质的总称。以每千克农产品中农药残留的毫克数表示（mg/kg）。农药残留是施药后的必然现象，但如果超过最大残留限量，可能对人、畜产生不良影响，或通过食物链对生态系中的生物造成危害。农药残留是指农药使用后残存于环境、生物体和食品中的农药母体、衍生物、代谢物、降解物和杂质的总称。食用含有大量高毒、剧毒农药残留的农副产品会导致人、畜急性中毒事故。长期食用农药残留超标农产品还可能引起人和动物的慢性中毒，导致疾病的发生，也可能诱发癌症，甚至影响到下一代。

二、农药残留相关概念

农药最大残留限量（maximum residue limit，MRL）：指在农畜产品中农药残留的法定最高允许浓度，以每千克农畜产品中农药残留的毫克数表示（mg/kg），也称允许残留量（tolerance）。最大残留限量是按照良好农业规范（GAP）根据农药标签上规定的施药剂量和方法使用农药后，在食物中残留的最大浓度，其数值必须是毒理学上可以接受的，最后由政府部门按法规公布。

农药再残留限量（EMRL）：指一些持久性农药虽然已禁用，但还长期存在于环境中，从而再次在食品中形成残留，为控制这类农药残留物对食品的污染而制定其在食品中的残留限量。

每日允许摄入量（acceptable daily intake，ADI）：指人类终生每日摄入某物质，而不产生可检测到的危害健康的估计量，以每千克体重可摄入的量表示（mg/kg）。

急性参考剂量（acute reference dose，ARfD）：指人类在 24 h 或更短的时间内，通过膳食或饮水摄入某物质，而不产生可检测到的危害健康的估计量，以每千克体重可摄入的量表示（mg/kg）。

农药残留毒性可分为急性毒性和慢性毒性。急性毒性：一次服用或接触药剂而表现出的毒性，以致死中量（LD50）或致死中浓度（LC50）表示。致死中量（LD50）或致死中浓度（LC50）是指使受试动物产生急性中毒死亡 50%时所需要的剂量或浓度。致死中量的数值越大，毒性就越小；数值越小，毒性就越大。慢性毒性：农药在人畜体内的慢性累积性毒性和"三致"作用（致畸、致癌、致突变）。

风险评估（risk assessment）：指对人类由于接触危险物质而对健康具有已知或可能的严重不良作用的科学评估，包括危害确认、危害特征描述、暴露评估和风险表述。

食品（包括食用农产品）中农药残留风险评估：指通过分析农药毒理学和残留化学试验结果，根据消费者膳食结构，对因膳食摄入农药残留产生健康风险的可能性及程度进行科学评价。

第二节　农药残留分析方法

一、农药标准物质

在进行农药残留准确定性定量分析时，农药标准物质是必不可少的。农药标准物质是一种参比标准物，它用于质量控制和评价、测试仪器的校准、分析方法的验证及环境中农药残留物检验时的定性定量参比，适用于气相色谱、液相色谱、薄层色谱及气质联用仪等仪器。

（一）标准物质定义

标准物质是一种已经确定了具有一个或多个足够均匀的特性值的物质或材料，作为分析测量行业中的"量具"，在校准测量仪器和装置、评价测量分析方法、测量物质或材料特性值和考核分析人员的操作技术水平，以及在生产过程中产品的质量控制等领域起着不可或缺的作用。

（二）标准物质特点

标准物质有 3 个显著特点：一是具有特性量值的准确性、均匀性、稳定性；二是量值具有传递性；三是实物形式的计量标准。

1. 准确性

通常标准物质证书中会同时给出标准物质的标准值和计量的不确定度，不确定度的来源包括称量、仪器、均匀性、稳定性、不同实验室之间以及不同方法所产生的不确定度均需计算在内。

2. 均匀性

均匀性是物质的某些特性具有相同组分或相同结构的状态。计量方法的精密度即标准偏差可以用来衡量标准物质的均匀性，精密度受取样量的影响，标准物质的均匀性是对给定的取样量而言的，均匀性检验的最小取样量一般都会在标准物质证书中给出。

3. 稳定性

稳定性是指标准物质在指定的环境条件和时间内，其特性值保持在规定的范围内的能力。

（三）标准物质级别

标准物质的特性值准确度是划分级别的依据，不同级别的标准物质对其均匀性和稳定性以及用途都有不同的要求。通常把标准物质分为一级标准物质和二级标准物质。一级标准物质主要用于标定比它低一级的标准物质、校准高准确度的计量仪器、研究与评定标准方法；二级标准物质主要用于满足一些一般的检测分析需求，以及社会行业的一般要求，作为工作标准物质直接使用，用于现场方法的研究和评价，用于较低要求的日常分析测量。

（四）有证标准物质

有证标准物质 certified reference material （CRM）是附有证书的标准物质，其一种或多种特性量值用建立了溯源性的程序确定，使之可溯源到准确复现的表示该特性值的测量单位，每一种认定的特性量值都附有给定置信水平的不确定度。有证标准物质（CRM）是标准物质（RM）中的一个特殊类别，须附有符合一定要求的认定证书。根据以上定义，有证标准物质（CRMS）是标准物质（RMS）的子集，即，标准物质（RM）可以是有证标准物质（CRMs），也可以是非有证标准物质。但是，标准物质（RM）这个术语常被误用作表示非有证标准物质。有证标准物质作用如下。

1. 储存和传递特性量值信息

根据定义，一种标准物质具有一个或多个准确测量的特性量值。一种有证标准物质中的特性量值一旦被确定，在有效期内它们就被储存在这种有证标准物质中。当这种有证标准物质从一地发送到另一地使用时，它所携带的量值也就得到了传递。在规定的不确定度范围内，有证标准物质的特性量值可以用作实验室间比对的标准值或用于量值传递目的。因此，有证标准物质帮助量值在时间和空间上的实现传递，类似于测量仪器和材料标度的传递。

2. 保证测量溯源性

实验室应该控制并且校准或检定一定数量的仪器以确保所开展的测量的溯源性。但在所有具体必要的环节中做到这一点是非常困难的。此项工作通过使用已建立了溯源性的有证标准物质可被大大地简化。标准物质（基体）要求必须尽可能地近似于被测的实际样品，以便对冲基体效应，以此来囊括测量时可能引起误差的所有问题。当然，使用者应当对标准物质和未知样品的测量采用相同的分析测量程序。

3. 量值稳定

标准物质在规定的时间和环境条件下，其特性量值应保持在规定的范围以内。这种特性亦被称之为标准物质的稳定性。研制（生产）者要保证所提供的标准物质在一定期限内其特性量值不发生显著改变。为得出这一期限，研制者在研制标准物质过程中必须要进行稳定性考察，量值不稳定的物质不能用来制备标准物质。中国规定农药标准物质有效期为 1 年。

影响标准物质稳定性的因素可以有：光、温度、湿度等物理因素，还可能有溶解、分解、化合等化学因素及细菌作用等的生物因素。稳定性应该表现在：固体物质不风化、不分解、不氧化；液体物质不产生沉淀、发霉；气体和液体物质对容器内壁不腐蚀、不吸附；等等。

4. 认定量值准确

量值准确可靠是标准物质的重要特征之一，是指标准物质具有准确的或严格定义的认定值（亦称标准值）。正是由于标准物质具有认定的参考值，参考值的准确度高且具有规定的不确定度，因而才能够成为计量学溯源链的重要单元，用于测量仪器的校准或检定、测量方法的评价或确认，以及测量审核与能力验证等量值传递或溯源有关的活动。从这个意义上来说，标准物质必须在有资质的实验室，由具有一定资质和经验的操作人员，用准确可靠的测量方法进行定值测量。

（五）标准物质使用

第一，标准物质可用于校准仪器。分析仪器的校准是获得准确的测定结果的关键步骤。仪器分析几乎全是相对分析，绝对准确度无法确定，而标准物质可以校准实验仪器。

第二，标准物质用于评价分析方法的准确度。选择浓度水平、准确度水平。

第三，标准物质当作工作标准使用，制作标准曲线。仪器分析大多是通过工作曲线来建立物理量与被测组分浓度之间的线性关系。分析人员习惯于用自己配制的标准溶液做工作曲线。若采用标准物质做工作曲线，不但能使分析结果成立在同一基础上，还能提高工作效率。

第四，标准物质作为质控标样。若标准物质的分析结果与标准值一致，表明分析测定过程处于质量控制之中，从而说明未知样品的测定结果是可靠的。

第五，标准物质还可用于分析化学质量保证工作。分析质量保证责任人可以用标准物质考核、评价化验人员和整个分析实验室的工作质量。具体做法是：用标准物质做质量控制图，长期监视测量过程是否处于控制之中。

（六）使用标准物质注意事项

第一，选用标准物质时，标准物质的基体组成与被测试样接近。这样可以消除基质效应引起的系统误差。但如果没有与被测试样的基体组成相近的标准物质，也可以选用与被测组分含量相当的其他基体的标准物质

第二，要注意标准物质有效期。许多标准物质都规定了有效期，使用时应检查生产日期和有效期，当然由于保存不当，而使标准物质变质，就不能再使用了。

第三，标准物质的化学成分应尽可能地与被测样品相同。

第四，标准物质一般应存放在干燥、阴凉的环境中，用密封性好的容器储存。具体储存方法应严格按照标准物质证书上的规定执行。否则，可能由于物理、化学和生物等作用的影响，使得标准物质发生变化，引起标准物质失效。

（七）包装与储存

第一，标准物质的包装应满足该标准特质的用途。

第二，标准物质的最小包装单元应贴有标准物质特质标签。

第三，标准物质的储存条件应适合该标准物质的要求和有利于特性量值的稳定。农药标准物质一般应储存于−17 ℃的环境中。某些有特殊储存要求的，应有特殊的储存措施。

二、农药残留分析方法的确认

农药残留分析方法确认或方法验证是指为了证实一个分析方法能被其他测试者按照预定的步骤进行，而且使用该方法测得的结果能达到要求的准确度和精密度而采取的措施。一般通过实施方法中所叙述的部分或整个步骤来达到这种确认。对一个分析方法的确认，应该包括建立方法的性能特征、测定对方法的影响因素及证明该方法与其要求目的任务是否一致，即经过确认的方法能可靠地使用。国际上，通常使用不同实验室间协作研究的结果对分析方法进行确认。但一些权威机构认为，单个实验室可以根据规定的要求在实验室内部对农药残留分析方法进行确认。对不同基质的样品，前处理步骤是不一样的。因此，研究农药残留分析方法时，必须开发该农药在不同样品基质中的残留分析方法。确认农药残留分析方法必须提供方法的专一性、线性范围、准确度、精

密度、检出限和定量限等方法参数的确认结果。

（一）相关概念

筛查方法（screening method）：具有处理大量样品的能力，用于检测一种物质或一组物质在所关注的浓度水平上是否存在的方法。这些方法用于筛选大量样品可能的阳性结果，并用来避免假阴性结果。此类方法所获得的检测结果通常为定性结果或半定量结果。

定量方法（quantitative method）：测定被分析物的质量或质量分数的分析方法，可用适当单位的数值表示。

确证方法（confirmatory method）：能提供全部或部分信息，并明确定性，在必要时可在关注的浓度水平上进行定量的方法。

定性方法（qualitative method）：根据物质的化学、生物或物理性质对其进行鉴定的分析方法。

容许限（permitted limit，PL）：对某一定量特性规定和要求的物质限值，如最大残留限、最高允许浓度或其他最大容许量等。

选择性（selectivity）：测量系统按规定的测量程序使用并提供一个或多个被测量的测得的量值时，每个被测量的值与其他被测量或所研究的现象、物体或物质中的其他量无关的基质效应（matrix effect）：化学分析中，基质指的是样品中被分析物以外的组分。基质常常对分析物的分析过程有显著的干扰，并影响分析结果的准确性。例如，溶液的离子强度、样品提取液中的脂肪酸等物质会对分析物活度系数有影响，这些影响和干扰被称为基质效应。

（二）方法的专一性

方法的专一性，也称特异性，是指分析方法在样品基质中有其他杂质成分时，能准确地和特定地测出该农药的母体化合物、有关代谢物及杂质的性能。特异性考察也用于说明干扰物质对方法的影响程度，通常可通过峰纯度检验、空白基质、质谱、高分辨质谱和多级质谱等手段进行确证。

（三）线性范围

线性范围是通过校准曲线考察，是表达被分析物质不同浓度与测定仪器响应值之间线性定量关系的范围。使用农药标准溶液，通常测定 5 个梯度浓度，每个浓度平行测定 2 次以上，采用最小二乘法处理数据，得出线性方程和相关系数等。一般要求相关系数在 0.99 以上。

（四）准确度

方法的准确度（正确度）是指所得结果与真值的符合程度。农药残留检测方法的准确度一般用回收率进行评价，即空白样品中加入一定浓度的某一农药后其样品中此农药测定值对加入值的百分率。根据《农药残留检测方法国家标准编制指南》中的要求，回收率试验原则上应做 3 个水平添加，具体如下。

一是对于禁用物质，回收率在方法定量限、两倍方法定量限和十倍方法定量限进行 3 个水平试验。

二是对于已制定最大残留限量的，一般在 1/2 最大残留限量、最大残留限量、2 倍最大残留限量 3 个水平各选 1 个合适点进行试验。如果最大残留限量值是定量限，可选择 2 倍最大残留限量和 10 倍最大残留限量 2 个点进行试验。

三是对于未制定最大残留限量的，回收率在方法定量限、常见限量指标、选一合适点进行 3 水平试验。每个水平重复次数不少于 5 次，计算平均值。制作添加样品时，应使用新鲜的食品，均一化并称量后添加农药。回收率参考范围见表 5-1。

表 5-1　不同添加水平对回收率的要求

被测组分含量/（mg/kg）	回收率范围/%
>100	95~105
1~100	90~110
0.1~1	80~110
<0.1	60~120

注：添加的农药标准溶液总体积应不大于 1 mL；农药添加后应充分混合，放置 30 min 后再进行提取操作；检测时间需要数日时，将均一化的样品冷冻保存，避免多次冻结以及融解。检测实施当日制作添加样品。

一般情况下，用添加法测定回收率。原则上，添加浓度应以接近待测样品的农药含量为宜。但由于待测样品中的农药残留量是未知的，因此，一般以该样品的最大残留限量和方法定量限（LOQ）作为必选的浓度，即回收率试验必须选至少 2 个添加浓度。若没有最大残留限量值参照时，以方法定量限和高于 10 倍方法定量限的浓度做添加回收率，每一个浓度进行 5 次以上的重复试验。添加回收率结果应以接近 100% 为最佳，但由于杂质干扰、操作误差等诸多因素的影响，实际结果会有很大偏差。

添加标准溶液质量浓度得到的信噪比一般为 10 比较合适。近期，由于前处理方法的不断改进和高灵敏度、高选择性检测器的出现，分析工作者已可测定样品中越来越低的农药残留量。但通常开发新的残留分析方法，尤其是设计回收率试验时必须考虑该农药的最大残留限量。在实际检测工作中，质控样品只添加一个浓度时，可以选择 2 倍定量限附近的添加浓度。

（五）精密度

精密度（precision）是指在规定条件下，独立测试结果间的一致性程度。注意：其量值用测试结果的标准差来表示；与样品的真值无关，精密度在很大程度上与测定条件有关，通常以重复性（repeatability）和重现性（reproducibility）表示。重复性或重现性的表征参数可以用标准偏差或相对标准偏差表示。在残留分析中，一般采用相对标准偏差表示。

相对标准偏差（relative standard deviation，RSD）是指标准偏差在平均测定值中所占的百分率，也称为变异系数。在进行添加回收率试验时，对同一浓度的回收率试验必须进行至少 5 次重复。平行试验结果偏差与添加浓度相关，添加浓度越低，允许偏差越大。

1. 重复性

重复性是指在同一实验室，由同一操作者使用相同设备、按相同的测试方法，并在短时间内从同一被测对象取得相互独立测试结果的一致性程度。

每种试材都应做重复性试验，重复性要做 3 个水平的试验。添加水平同回收率，每个水平重复次数不少于 5 次。实验室内相对标准偏差符合表 5-2 的要求。重复性试验应按照样品处理方法获得添加均匀的试样，再对试样进行独立的 5 次以上的分析。不同组分含量对应的变异系数要求见表 5-2。

表 5-2　实验室内不同组分含量对应的变异系数

被测组分含量	实验室内变异系数（CV）/%
0.1 μg/kg	43
1 μg/kg	30
10 μg/kg	21
100 μg/kg	15
1 mg/kg	11

（续表）

被测组分含量	实验室内变异系数（CV）/%
10 mg/kg	7.5
100 mg/kg	5.3
1 000 mg/kg	3.8
1%	2.7
10%	2.0
100%	1.3

2. 再现性

再现性指在不同实验室，由不同操作者按相同的测试方法，从同一被测对象取得相互独立测试结果的一致性程度。试验应在不同实验室间进行，实验室个数不少于 3 个（不包括标准起草单位）。再现性做 3 个添加水平试验，其中一个添加水平必须是定量限，添加水平同重复性，每个水平重复次数不少于 5 次。

（六）检出限和定量限

在农药残留分析方法开发中，检出限（limit of detection，LOD）和定量限（limit of quantification，LOQ）是非常重要的两个指标。二者都是用于评价分析方法能够检测出分析对象的最小含量或浓度，是反映分析方法有效性的重要指标之一。

1. 检出限

指在与样品测定完全相同的条件下，某种分析方法能够检出的分析对象的最小浓度。它强调的是检出，而不是准确定量。有时也称最小检出浓度、最低检出浓度、最小检出量、定性限等，单位以 mg/kg 或 mg/L 或 ng 表示。检出限分为 2 种：方法检出限和仪器检出限。一般方法中所称的检出限，其实是方法检出限。

方法检出限（method detection limit，MDL）。用特定方法可靠地将分析物测定信号从特定基体背景中识别或区分出来时，分析物的最低浓度或最低量。

仪器检出限（instrumental detection limit，IDL）。指仪器能可靠地将分析物信号从仪器背景（噪声）中识别或区分出来时分析物的最低浓度或最低量。

2. 定量限

指在与样品测定完全相同的条件下，某种分析方法可以进行准确定性和定量测定的最低水平。它强调的是检出并定量，有时也称测定限、检测极限、最低检测浓度、最小检测浓度，单位以 mg/kg 或 mg/L 表示。

用同一分析方法测定不同样品基质中的农药时，可得出不同的定量限。当分析方法的定量限明显低于最大残留限量时，可对样品中最大残留限量水平的待测物进行准确测定。因此，一般要求定量限最高不超过最大残留限量的1/3，如有可能，定量限为最大残留限量的 1/5 或更低。如某农药的最大残留限量为 0.05mg/kg，则定量限最好低于 0.01mg/kg。但对方法灵敏度较差的情况，至少应满足定量限＝最大残留限量。在该水平下得到的回收率和精密度，应满足前 2 个表格对回收率和 RSD 的要求。

3. 检出限与定量限的确定

在农药残留分析中，方法的检出限或定量限应根据分析要求而定。对于最大残留限量高的农药，不必追求过低的检出限或定量限，但也不应高于最大残留限量，一般比最大残留限量低一个数量级。此值因分析方法而异，单位为 mg/kg 或 mg/L，以一位有效数字表示。对检测不出的残留量，不应用"残留量零"或"无残留"记录，而应写为"未检出（检出限）"等字样；高于检出限但低于定量限水平的残留量，可以用"痕量"或"<定量限"表示。但均应同时注明方法的检出限或定量限具体数值。

4. 仪器信号背景

检出能力与仪器信号背景也有关系。仪器信号背景值产生的原因主要包括如下 3 个方面。

一是试剂、玻璃容器背景。这可以通过采用更高级别的溶剂、熏蒸，以及充分洗涤玻璃容器（洗涤液、实验用水、丙酮、高温烘干），使仪器信号背景值降低。

二是基质噪声。可以采用更有效的净化方法、使用选择性检测器等措施来降低。

三是仪器背景。每台仪器都有一定的信噪比（signal-to-noise，S/N），通过条件优化、净化系统、仪器调谐等方法有助于降低信噪比。

三、农药残留分析种类和特点

农药残留分析是综合性的学科、技术和方法，属于痕量分析。它涉及的范围广，是比较复杂的分析技术，主要是对农产品和环境样品等待测样品中农药残留进行定性和定量分析。包含已知农药残留的分析和未知农药残留筛查分析等内容。其中一项重要研究工作是建立合适的分析方法，以适应不同农药目标物、不同基质以及高选择性、高灵敏度的要求。

（一）农药残留分析种类

1. 农药单残留分析（single residue method，SRM）

指定量测定样品中一种农药（包括具有毒理学意义的杂质或降解产物），这类方法在农药登记注册的残留试验、制定最大残留限量或在其他特定目的的农药管理和研究中经常应用。对于某些特殊性质的农药，如不稳定、易挥发，或是两性离子，或几乎不溶于任何溶剂，甚至有些检测目标物结构尚不明确，对于这些农药，只能进行单残留分析，这种测定比较费时，花费较大。

2. 农药多残留分析（multi-residue method，MRM）

指在一次分析中能够对待测样品中多种农药残留同时进行提取、净化、定性和定量分析。根据分析农药残留的种类不同，还可分为两种：一种是适用于同一类的多种农药残留，称为单类型农药多残留分析，也称为选择性多残留方法（selective MRM），同类型农药的理化性质相似，可以实现同时分析，如有机磷农药多残留分析、磺酰脲除草剂多残留分析等；另一种是适用于不同类型农药残留，也称多类多残留方法（multi-class multi-residue method）。多类多残留方法经常用于管理和研究机构对未知用药历史的样品进行农药残留分析，以及对农产品或环境介质的质量进行监督、评价和判断。

（二）农药残留分析特点

一是样品中农药的含量很低。每千克样品中仅有毫克（mg/kg）、微克（μg/kg）、纳克（ng/kg）量级的农药，在大气和地表水中农药含量更少，每千克仅有皮克（pg/kg）、飞克（fg/kg）量级。而样品中的干扰物质如脂肪、糖、淀粉、蛋白质、各种色素和无机盐等含量都远远大于农药，决定了农药残留分析方法灵敏度要求很高，对提取、净化等处理要求也很高。

二是农药品种繁多。目前，在我国经常使用的农药品种多达数百个，各类农药的性质差异很大，有些还需要检测有毒理学意义的降解物、代谢物或者杂质，残留分析方法要根据各类农药目标物的特点而定。

三是样品种类复杂。有各种农畜产品、土壤、大气、水样等，各类样品中所含水量、脂肪量和糖量均不相同，成分各异，各类农药的处理方法差异很大。

四是对方法的准确度和精密度有一定要求，对灵敏度要求更高、特异性要好，要求能排除干扰并检出样品中的特定微量农药。

四、农药残留分析过程

农药残留分析的过程可以分为采样（sampling）、试样制备（sample pre-treatment）、提取（extraction）、浓缩（concentration）、净化（clean up）、定性分析、定量分析（analysis）、确证（validation）和数据报告（report）。在这些过程中，还涉及样品的传递、保存及衍生等操作。一般将样品的提取、浓缩、净化等环节统称为样品前处理。

（一）预处理

样品前处理是将实际样品转变为实验室分析样品的过程。首先，去除分析时不需要的部分，如果蒂、叶子、黏附的泥土、土壤中的植物体、石块等；然后进行均质化过程，采用匀浆、捣碎等方法，得到具有代表性的、可用于实验室分析的试样，即样品加工或样品制备（sample processing）。

（二）提取

通常是采用振荡、微波、超声波、固相萃取等方法，从试样中分离残留农药的过程。一般是转移到提取液中，此时，很多共提物也随农药一起存在于提取液中。

（三）浓缩

在农药残留分析中也是一个比较重要的环节。由于农药残留多是微量或痕量水平，通过浓缩，可以提高检测响应值。常用的浓缩装置有 K-D 浓缩器、旋转蒸发仪、氮气流浓缩器（氮吹仪）等。

（四）净化

采用一定的方法，如液液分配萃取、柱层析净化、凝胶渗透色谱（GPC）、分散固相萃取等去除共提物中部分色素、糖类、蛋白质、油脂以及干扰测定的其他物质的过程。在有些农药残留分析中，为了增强残留农药的可提取性或提高分辨率、测定灵敏度，对样品中的农药进行化学衍生化处理，称为衍生化（derivatization）。衍生化反应改变了化合物性质，为净化方法的优化提供了更多选择，如氨基甲酸酯类农药的检测。

（五）分析

农药残留分析中常用的分析方法有气相色谱法、液相色谱法、色谱质谱联用法、薄层色谱法、酶抑制法和酶联免疫法等，还有一些其他方法，如毛细管电泳法等。人们通常把从分析仪器获得的与样品中的农药残留量成比例的信号响应称为检出（detection），把通过参照比较农药标准品的量测算出试样中农药残留的量称为测定（determination）。

（六）报告

结果报告不但是残留分析结果的计算、统计和分析，更是对残留分析方法的准确性、可靠性进行的描述和报告，包括方法重复性、检出限、回收率、线性范围和检测范围等。必要时，还要做方法的不确定度分析，以说明残留分析过程中的质量保证和质量控制。

参考文献

北京锦绣大地农业股份有限公司（检测中心），2008. 新鲜水果和蔬菜取样方法：GB/T 8855—2008 ［S］. 北京：中国标准出版社.

柴丽月，常卫民，陈树兵，等，2006. 食品中农药残留分析技术研究 ［J］. 食品科学，27（7）：238-242.

陈树兵，单正军，胡秋辉，2004. 食品中农药残留检测的样品前处理技术 ［J］. 食品科学，25（12）：127-130.

金珍，2006. 食品中多农药残留的气相色谱/质谱分析方法研究与应用 ［J］. 分析化学，4（9）：231-234.

刘丰茂，潘灿平，钱传范，2021. 农药残留分析原理与方法 ［M］. 北京：化学工业出版社.

刘宏伟，2013. 水果蔬菜中17种有机氯和拟除虫菊酯类农药残留检测方法研究 ［J］. 中国计量（7）：85-86.

农业部环境质量监督检验测试中心（天津），2008. 蔬菜水果中有机磷、有机氯、拟除虫菊酯和氨基甲酸酯类农药多残留的测定：NY/T 761—2008 ［S］. 北京：中国农业出版社.

帅云，万宏伟，王娟，等，2018. 农产品质量安全检测机构农药残留检测能力验证的方法与技巧 [J]. 现代食品 (22)：84-87.

王璐，刘潇威，罗铭，等，2012. 农产品中农药残留检测能力验证现状与展望 [J]. 农产品质量与安全 (4)：41-43.

王璐，刘潇威，彭祎，等，2012. 我国农产品质量安全检测机构农药残留检测能力验证现状分析 [J]. 农业环境与发展，29 (3)：90-92.

吴磊，郭苏平，2019. 仪器设备检定和校准的必要性及注意事项 [J]. 中国新技术新产品 (9)：79-80.

徐恒，邓可，段小娟，等，2018. 能力验证评价结果合理性判断依据及对检测能力的改进 [J]. 中国检验检测，26 (1)：45-46.

张春艳，2018. 利用能力验证提高食品实验室水平 [J]. 现代食品 (11)：41-43.

张艳丽，刘宏伟，宋保军，等，2013. 农产品实验室能力验证过程中的质量控制 [J]. 分析仪器 (6)：29-31.

张志贤，张瑞镐，1997. 分析实验室的水平测试和质量监督 [J]. 化工标准化与质量监督 (3)：19-24.

中华人民共和国浙江出入境检验检疫局，2008. 实验室质量控制规范 食品理化检测：GB/T 27404—2008 [S]. 北京：中国标准出版社.

周佳，陈小泉，罗婷婷，等，2019. 气相色谱-串联质谱法检测植物源性食品中 83 种农药残留 [J]. 食品安全质量检测学报 (17)：5791-5808.

第六章　农产品分析样本的采集与制备

第一节　样品的采集

样本采集简称采样，又称取样、抽样。对样本进行检测的第一步就是样本采集。从大量的分析对象中抽取具有代表性的一部分作为分析材料（分析样品），称为样品采集。所抽取的分析材料称为样品。

样品采集是一个重要而且非常谨慎的操作过程。要从一大批被测产品中采集到能代表整批被测物质的小质量样品，必须遵守一定的原则，掌握适当的方法，并防止在采样过程中某种成分的损失或外来成分的污染，样品采集与制备是保证检验工作质量的重要基础。在实际工作中，检测时所取的分析试样只需几克，几十毫克，甚至更少，而分析结果必须代表全部样品的平均组成。因此，必须正确采取具有足够代表性的平均样品，并将其制备成分析样品。如果采取的样品不能代表总体，即使检验中的质量控制做得再好，也很难得到准确的结果。其检验结果不仅毫无意义，甚至还可能导致错误的结论，产生不良后果。

（一）样品采集的基本原则

代表性：采集的样品应具有代表性，以使所采样品的测定结果能代表样本总体的特性。

真实性：样品采集过程中，采样人员应及时、准确地记录采样的相关信息。

公正性：采样人员应亲自到现场抽样，任何人员不得干扰采样人员的采样。

（二）采样误差

采样随机误差：采样随机误差是在采样过程中，由一些无法控制的偶然因素引起的偏差，这是无法避免的。增加采样的重复次数，可以缩小这类误差。

采样系统误差：采样方案、采样设备、操作者以及环境等因素，均可引起采样的系统误差。系统误差的偏差是固定的，应极力避免。增加采样的重复次数不能缩小这类误差。

采样都可能存在随机误差和系统误差，因此在通过检测样品求得的特性数据的差异中，既包括采样误差，又包括试验误差。

（三）农产品样品采样标准

农产品样品的采样是农产品检测结果准确与否的前提条件，是专业技术人员必须掌握的一项基本技能。农产品样品采样涉及的相关标准很多，主要有《蔬菜抽样技术规范》（NY/T 2103—2011）、《农药残留分析样本的采样方法》（NY/T 789—2004）、《蔬菜农药残留检测抽样规范》（NY/T 762—2004）、《无公害食品　产品抽样规范第 4 部分：水果》（NY/T5344.4—2006）、《无公害食品　产品抽样规范　第 2 部分：粮油》（NY/T5344.2—2006）等。

（四）采样准备工作

1. 文件类

应准备采样任务的相关文件。如果是政府指令性检测任务采样，应编制实施方案。方案中一般包括采样地点、样品名称、样品数量、采样时间、采样人员等信息。同时，还应准备农产品采样单、记录本及采样人员的工作证等。

2. 工具类

抽样袋、保鲜袋、纸箱或冷藏箱、标签，异地抽样还要准备样品缩分用无色聚乙烯砧板或木砧板、不锈钢食品加工机或聚乙烯塑料食品加工机、高速组织分散机、不锈钢刀、不锈钢剪子、旋盖聚乙烯塑料瓶、具塞玻璃瓶等。用具要保证洁净、干燥、无异味，不会对样品造成污染。

（五）采样方法

农产品的采样地点主要包括生产基地、批发市场、农贸市场和超市。农产品采样时，按随机原则抽取，采样所得的样品应具有足够的代表性，应以从整批产品中抽出的全部个别样品（份样）集成大样来代表整批产品，不应以个别样品（份样）、单株或单个个体来代表整批。

1. 生产基地

（1）设施农产品采样。在大棚中采样，每个大棚为一个采样批次。每个采样批次应根据实际情况按对角线法、梅花形法、棋盘式法、蛇形法等方法采取样品，每个采样批次内采样点不应少于 5 点。个体较大的样品（如大白菜、结球甘蓝），每点采样量不应超过 2 个个体；个体较小的样品（如樱桃、番茄），每点采样量 0.5~0.7 kg。如果设施基地有多个大棚生产同一品种的蔬菜和果品，且生产模式、管理方式大体一致，采样时需从中随机采取几个大棚的产品组成一个混合样品。

（2）露地农产品采样。在露地采样时，当种植面积小于 10 hm² 时，每 1~3 hm² 设为一个采样批次；当种植面积大于或等于 10 hm²，每 3~5 hm² 设为一个采样批次。

2. 批发市场

宜在批发或交易高峰时期抽样。批发市场销售的农产品大多为装车包装销售或散装销售。批发市场抽样时，应调查样品来源或产地。

（1）散装销售样品。视情况分层分方向结合或只分层或只分方向抽取样品为一个抽样批次。

（2）包装销售样品。堆垛取样时，在堆垛两侧的不同部位上、中、下经过四角抽取相应数量的样品为一个抽样批次。

3. 农贸市场和超市

在不同摊位随机采取相应的农产品，一般同一摊位抽取同一产地、同一种类蔬菜样品为一个批次。为避免二次污染，尽可能从原包装中取样。在农贸市场和超市采样时，应调查样品来源或产地。

（六）采样时间

1. 生产基地

生产基地根据不同农产品在其种植区域的成熟期来确定。采样时间应安排在农产品成熟期或即将上市前进行，在喷施农药安全间隔期内的农产品样品不应进行采样。对于露地生产的农产品样品，下雨天不适宜进行采样。

2. 批发市场

不同批发市场的采样时间有所不同，应在批发或交易高峰时期进行采样。

有的批发市场的交易高峰时期在晚上，则农产品的采样时间也应在晚上。

（七）采样量

采样量原则上不仅要保证样品具有代表性，还必须能满足检测量的需要，采样量应满足检测要求，能够供分析、复查、确证和留样用。采样量不低于 3 kg。对于某些特殊样品，如大白菜、结球甘蓝、西瓜等单个个体较大的样品，采样量要求有所不同。单个个体大于 0.5 kg 时，抽取样本不少于 10 个个体；单个个体大于 1 kg 时，抽取样本不少于 5 个个体。

（八）样品运输与交接

样品应在 24 h 内运送到实验室，否则，应将样品缩分冷冻后运输。在高温季节，样品运输应选择保持低温的容器。低温包装时，应使用适当的材料包裹样品，避免与冷冻剂接触造成冻伤。冷冻剂不可使用碎冰。原则上，样品不准邮寄或托运，应由抽样人员随身携带。除非征得实验室同意，样品不宜在周五或法定节假日前一天送达。样品在运输过程中，应采取相应的措施保证样品完整、新鲜，避免被污染。样品交接一般由采样人员和样品管理员面对面交接，并认真核对样品的包装、标识、外观等信息。如果样品信息不全或不符合检测要求时，样品管理员应拒绝接收该样品。

（九）采样注意事项

下雨天不宜在露地采集农产品样品。

采样应安排在蔬菜成熟期或蔬菜即将上市前进行。在喷施农药安全间隔期内，不应采样。

采样时，样品应为混合样，不能只在某个点位进行采样。不应以个别样品（份样）或单株、单个个体来代表整批。如大白菜、西瓜等个体较大的样品，不能只抽取一个个体作为样品。

在农贸市场和批发市场采样时，不宜在同一摊位抽齐所有样品，应抽取不同摊位的样品。

采样时应避开病虫害等非正常植株。随机抽取无明显瘀伤、腐烂、长菌或其他表面损伤的蔬菜样品。

第二节　样品的制备与保存

一、农产品样品制备要求

样品制备是利用经济有效的加工方法，将原始样品破碎、缩分、混匀的过程。制备好的分析样品，不仅能够达到足够细的粒度要求，而且可使制备后样品试样均匀，保证原始样品的物质组分及其含量不变。样品在制备过程中应注意以下3点：第一，制备过程中避免组分发生化学变化；第二，防止和避免欲测定组分的污染；第三，尽可能减少无关化合物引入制备过程。制样场所样品制备应在独立区域进行。制样场所应通风、整洁，无扬尘，无易挥发的化学物质。制备农产品样品常用的工具和容器包括打浆机、砧板、不锈钢刀、硫酸纸、样品盒等。制成的样品应装入洁净的塑料袋或惰性容器中，立即封口并加贴样品标识，并将样品置于规定的温度环境下保存。每制完一个样品，制样工具应清洗干净，防止交叉污染。

二、样品制备过程

（一）样品缩分

将样品混匀后平铺，沿对角线划分成4份，淘汰对角2份，把留下的部分合在一起，即为平均样品，此方法称为四分法。如果所得样品仍然太多，可再用四分法处理，直到留下的样品达到所需的数量。个体较小的样品（如樱桃、番茄），可随机抽取若干个体切碎混匀；个体较大的样品（如大白菜、结球甘蓝），按其生长轴十字纵剖4份，取对角线2份，将其切碎，充分混匀（图6-1）。用四分法取不少于1 kg的混合样品放入组织捣碎机中制成匀浆后，放入样品盒中保存。

（1）农药残留检测样品的制备。制样前，用干净纱布轻轻擦去样品表面的附着物。如果样品黏附有太多泥土，可用流水冲洗，擦干后制样。

（2）用于元素检测的样品制备。样品先用自来水冲洗，再用去离子水冲洗3遍，用干净纱布轻轻擦去样品表面水分后进行制备。也可用四分法取样后将其放入烘箱中于65 ℃烘干，同时测定样品水分，磨成干粉后放入密闭容器中保存。

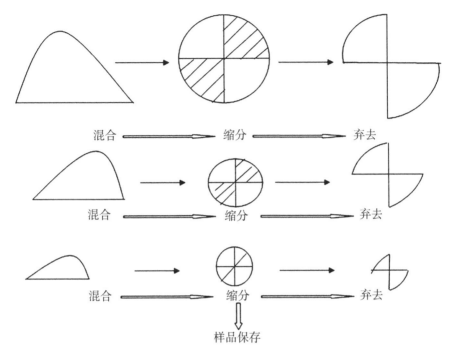

图 6-1　样品缩分

（二）制样部位的选择

不同种类的农产品样品制备要求有所不同，有的需要整棵制样，有的需要全果带皮制备等，具体要求见表 6-1、表 6-2、表 6-3。

表 6-1　不同粮油作物测定部位要求

食品类别	类别说明	测定部位
谷物	稻类：稻谷等	整粒
	麦类：小麦、大麦、燕麦、黑麦、小黑麦等	整粒
	旱粮类：玉米、鲜食玉米、高粱、粟、稷、薏仁、荞麦等	整粒，其中鲜食玉米包括玉米粒和轴
	杂粮类：绿豆、豌豆、赤豆、小扁豆、鹰嘴豆、羽扇豆、豇豆、利马豆、蚕豆等	整粒
	成品粮：大米粉、小麦粉、小麦全粉、全麦粉、玉米糁、玉米粉、高粱米、大麦粉、荞麦粉、莜麦粉、甘薯粉、高粱粉、黑麦粉、黑麦全粉、大米、糙米、麦胚等	

（续表）

食品类别	类别说明	测定部位
油料和油脂	小型油籽类：油菜籽、芝麻、亚麻籽、芥菜籽等	整粒
	中型油籽类：棉籽等	整粒
	大型油籽类：大豆、花生仁、葵花籽、油茶籽等	整粒
	油脂：植物毛油包括大豆毛油、菜籽毛油、花生毛油、棉籽毛油、玉米毛油、葵花籽毛油等；植物油包括大豆油、菜籽油、花生油、棉籽油、初榨橄榄油、精炼橄榄油、葵花籽油、玉米油等	

表 6-2　不同蔬菜样品测定部位要求

食品类别	类别说明	测定部位
蔬菜（鳞茎类）	鳞茎葱类：大蒜、洋葱、薤等	可食部分
	绿叶葱类：韭菜、葱、青蒜、蒜薹、韭葱等	整株
	百合（鲜）	鳞茎头
蔬菜（芸薹属类）	结球芸薹属：结球甘蓝、球茎甘蓝、抱子甘蓝、赤球甘蓝、羽衣甘蓝、皱叶甘蓝等	整棵
	头状花序芸薹属：花椰菜、青花菜等	整棵，去除叶
	茎类芸薹属：芥蓝、菜薹、茎芥菜等	整棵，去除根
蔬菜（叶菜类）	绿叶类：菠菜、普通白菜（小白菜、小油菜、青菜）、苋菜、蕹菜、茼蒿、大叶茼蒿、叶用莴苣、结球莴苣、苦苣、野苣、落葵、油麦菜、叶芥菜、萝卜叶、芜菁叶、菊苣、芋头叶、茎用莴苣叶、甘薯叶等	整棵，去除根
	叶柄类：芹菜、茴香、球茎茴香等	整棵，去除根
	大白菜	整棵，去除根
蔬菜（茄果类）	番茄类：番茄、樱桃番茄等	全果（去柄）
	其他茄果类：茄子、辣椒、甜椒、黄秋葵、酸浆等	全果（去柄）
蔬菜（瓜类）	黄瓜、腌制用小黄瓜	全瓜（去柄）
	小型瓜类：西葫芦、节瓜、苦瓜、丝瓜、线瓜、瓠瓜等	全瓜（去柄）
	大型瓜类：冬瓜、南瓜、笋瓜等	全瓜（去柄）

（续表）

食品类别	类别说明	测定部位
蔬菜 （豆类）	荚可食类：豇豆、菜豆、食荚豌豆、四棱豆、扁豆、刀豆等	全豆（带荚）
	荚不可食类：菜用大豆、蚕豆、豌豆、利马豆等	全豆（去荚）
蔬菜 （茎类）	芦笋、朝鲜蓟、大黄、茎用莴苣等	整棵
蔬菜 （根茎类和 薯芋类）	根茎类：萝卜、胡萝卜、根甜菜、根芹菜、根芥菜、姜、辣根、芜菁、桔梗等	整棵，去除顶部叶及叶柄
	马铃薯	全薯
	其他薯芋类：甘薯、山药、牛蒡、木薯、芋、葛、魔芋等	全薯
蔬菜 （水生类）	茎叶类：水芹、豆瓣菜、茭白、蒲菜等	整棵，茭白去除外皮
	果实类：菱角、芡实、莲子（鲜）等	全果（去壳）
	根类：莲藕、荸荠、慈姑等	整棵
蔬菜 （芽菜类）	绿豆芽、黄豆芽、萝卜芽、苜蓿芽、花椒芽、香椿芽等	全部
蔬菜 （其他类）	黄花菜（鲜）、竹笋、仙人掌、玉米笋等	全部

表 6-3　不同水果样品测定部位要求

食品类别	类别说明	测定部位
水果 （柑橘类）	柑、橘、橙、柠檬、柚、佛手柑、金橘等	全果（去柄）
水果 （仁果类）	苹果、梨、山楂、枇杷、榅桲等	全果（去柄），枇杷、山楂参照核果
水果 （核果类）	桃、油桃、杏、枣（鲜）、李子、樱桃、青梅等	全果（去柄和果核），残留量计算应计入果核的重量
水果（浆果 和其他小型 类水果）	藤蔓和灌木类：枸杞（鲜）、黑莓、蓝莓、覆盆子、越橘、加仑子、悬钩子、醋栗、桑葚、唐棣、露莓（包括波森莓和罗甘莓）等	全果（去柄）
	小型攀缘类（皮可食）：葡萄（鲜食葡萄和酿酒葡萄）、树番茄、五味子等 小型攀缘类（皮不可食）：猕猴桃、西番莲等	全果（去柄）
	草莓	全果（去柄）

（续表）

食品类别	类别说明	测定部位
水果 （热带和亚热带类水果）	皮可食：柿子、杨梅、橄榄、无花果、杨桃、莲雾等	全果（去柄），杨梅、橄榄检测果肉部分，残留量计算应计入果核的重量
	皮不可食（小型果）：荔枝、龙眼、红毛丹等	全果（去柄和果核），残留量计算应计入果核的重量
	皮不可食（中型果）：杧果、石榴、鳄梨、番荔枝、番石榴、黄皮、山竹等	全果，鳄梨和杧果去除核，山竹测定果肉，残留量计算应计入果核的重量
水果 （热带和亚热带类水果）	大型果：香蕉、番木瓜、椰子等	香蕉测定全蕉；番木瓜测定去除果核的所有部分，残留量计算应计入果核的重量；椰子测定椰汁和椰肉
	带刺果：菠萝、菠萝蜜、榴莲、火龙果等	菠萝、火龙果去除叶冠部分；菠萝蜜、榴莲测定果肉，残留量计算应计入果核的重量
水果 （瓜果类）	西瓜	全瓜
	甜瓜类：薄皮甜瓜、网纹甜瓜、哈密瓜、白兰瓜、香瓜、香瓜茄等	全瓜

三、样品的保存

农产品样品制样量一般为 250 g，制备好的农产品分成正样、副样。一般情况正样以 A 表示，副样以 B 表示。正样供检测使用，需冷冻保存；副样供复检用。样品应放入冷藏箱或低温冰箱中保存。冷藏箱或低温冰箱应清洁，无化学药品等污染物。新鲜样品短期保存（1~2 d）可放入冷藏箱，长期保存应放入-20~-16 ℃低温冰箱。冷冻样本解冻后应立即检测，检测时要将样品搅匀后再称样。如果样品分离严重，应重新匀浆。

参考文献

北京锦绣大地农业股份有限公司（检测中心），2008. 新鲜水果和蔬菜取样方法：GB/T 8855—2008 [S]. 北京：中国标准出版社.

卞艳丽，刘丰茂，2016. 农药残留储存稳定性的研究进展 [J]. 食品安全质量检测学报，7（8）：3013-3019.

胡西洲，樊铭勇，胡定金，2010. 气相色谱法测定蔬菜中菊酯类农药残留量的不确定度评定 [J]. 湖北农业科学（11）：2895-2897.

刘丰茂，潘灿平，钱传范，2021. 农药残留分析原理与方法 [M]. 北京：化学工业出版社.

农业部环境质量监督检验测试中心（天津），2008. 蔬菜水果中有机磷、有机氯、拟除虫菊酯和氨基甲酸酯类农药多残留的测定：NY/T 761—2008 [S]. 北京：中国农业出版社.

王素利，2007. 农药残留样本储存与稳定性关系研究 [D]. 北京：中国农业大学.

薛丽，王尚君，田雨超，等，2021. 食品中农药最大残留限量标准进展分析 [J]. 食品安全质量检测学报，12（22）：8933-8939.

张艳丽，刘宏伟，宋保军，等，2013. 农产品实验室能力验证过程中的质量控制 [J]. 分析仪器（6）：29-31.

中华人民共和国浙江出入境检验检疫局，2008. 实验室质量控制规范 食品理化检测：GB/T 27404—2008 [S]. 北京：中国标准出版社.

第七章　农产品分析样品前处理

传统的样品前处理技术包括一系列操作步骤，如均质化、提取、过滤或离心、柱层析净化、浓缩和溶剂转换等。这不仅导致整个方法比较复杂、费时，而且易造成系统误差和偶然误差。因此，很长时间以来，样品前处理占用农药残留分析工作的大部分时间。随着技术的进步，未来样品前处理将向高度先进和自动化、环境友好化方向发展。

第一节　样品提取

样品提取是用溶剂将农药从样品中提取出来的步骤，样品的提取过程实际上也达到了样品净化的目的。在农药残留分析时样品中农药残留量极低，而各种样品中的干扰物质多而复杂。因此，为满足可靠的定性、定量分析需要，首先应将农药从试样中提取出来，然后再使用一种或几种净化步骤，经提取净化后，使样品提取液达到可以进行仪器测定的要求。

一、提取溶剂

提取溶剂的选择原则：目标物溶解度大，基质干扰物溶解度小，溶剂纯度高（杂质干扰小）。目前常用的提取溶剂主要有丙酮、乙腈、乙酸乙酯、石油醚、正己烷、甲醇和二氯甲烷等。

农产品中残留农药的种类很多，相对分子质量大多在 150~450（较大相对分子质量的农药如阿维菌素等除外），绝大多数农药物理和化学性质接近，多含有 Cl、P、N 等元素。各种农药的极性是有区别的，但是根据农药 lgKow 可以看出，农药偏极性的较多。Kow 是指正辛醇一水分配系数（或称辛醇–水分配系数），即某一有机物在某一温度下，在正辛醇相和水相达到分配平衡之后，在两相中浓度的比值。目前已发现有机化合物的 Kow 值最低为 10^{-3}，最高可达 10^7。一般用 lgKow 表示，故其范围为 $-3~7$。lgKow 值小于 1，表示在水中存在的浓度高，具有亲水性，容易被生物利用；lgKow 值大于 4，表示在水中存在的浓度低，具有疏水性，不容易被生物利用，容易与环境中的有机质部分相结合。

各种不同的有机溶剂或其不同的组合都可用来从样品中提取具有不同理化性质的农药，其中丙酮、乙腈和乙酸乙酯是在农药多残留测定中使用最多的3种溶剂。但它们的性质各异，如使用丙酮会含大量水分，在进入色谱系统测定前，必须除去水分；乙酸乙酯与水的可混溶性较差。至今，还很难决定哪个是最合适的溶剂。以下分别介绍在农药多残留分析中最常用的几种溶剂。

（一）乙腈

乙腈的沸点为80.1℃，是常用的液相色谱流动相，作为提取溶剂在美国和加拿大等国使用普遍。乙腈可以溶解并提取各种极性与非极性农药，能与水混溶。与果蔬样品混合匀浆后，提取液中含有水分，但比较容易用盐析出。离心或过分液漏斗可与水分离，定量取出乙腈提取液。乙腈极性较大，不易与非极性溶剂混匀，一些非极性的杂质如油脂、蜡质和叶绿素等不会与农药一起被提取出来，提取出的样品杂质较丙酮和乙酸乙酯少，在固相萃取和反相液相色谱上用得较多。其缺点是比较贵，毒性比其他两种溶剂大。在气相色谱测定时，液气的转换膨胀体积较大，应限制进样体积。

（二）丙酮

丙酮的沸点为56.2℃，是最常用的易挥发溶剂。可以溶解并提取极性和非极性农药，能与水、甲醇、乙醇、乙醚、氯仿等混溶，但不易与水分开，不易用盐析出其中的水分，是液液分配萃取中最常用的与水相溶的有机溶剂之一。提出的杂质较乙腈多，相比于乙腈和乙酸乙酯，其价格便宜、毒性小。20世纪中后期，我国在单个农药残留及多残留分析方法中广泛应用丙酮。

（三）乙酸乙酯

乙酸乙酯的沸点为77.1℃，有强烈类似醚的气味，具有清灵、微带果香的酒香，易扩散。作为提取溶剂，在欧盟国家、联合国粮农组织（FAO）、国际原子能机构（IAEA）等使用很多。乙酸乙酯可以溶解并提取各种极性与非极性农药，微溶于水。其主要特点是，与果蔬样品混合匀浆后，在提取液中添加无机盐类，可以盐析出乙酸乙酯，很容易除去提取液中的微量水分，不需进行液液分配萃取。有时与水完全分离需离心，可取出定量提取液。与丙酮、乙腈相比，其极性小，因此在提取油性样品时，可将一些非极性、亲脂性干扰物质提取出来。其缺点是，提取出的样品杂质较乙腈多，且有怪异香味、不好闻。

（四）其他溶剂

石油醚或正己烷的分配有利于非极性残留的分析（如有机氯、多氯代聚苯、一些低极性的杀菌剂和除草剂）。只有低极性的辅助提取物才会同农药一起转移到石油醚中。二氯甲烷的分配对于净化无效，但是对于那些不溶于石油醚的极性残留物来说可提高回收率。注意：所有的含氯溶剂，如果对检测器有严重损害，必须在进样以前去除干净。

二、提取方法

针对不同类型样品的提取方法介绍如下。

（一）水样

目前，水样中农药残留分析的提取方法主要有液液萃取法、固相（柱/膜）萃取法、固相微萃取法等。目前主要方法是根据农药性质选择使用不同固相萃取小柱富集水样中的农药，经溶剂淋洗杂质后，再将农药洗脱后测定。

1. 液液萃取法

液液萃取法是利用目标物农药分子在水中和有机相中的分配定律，利用有机溶剂兑水样品进行提取农药残留的一种方法。大部分农药的正辛醇-水分配系数（Kow）都较大，也就是脂溶性较强，利用液液萃取能很好地萃取水样中的目标物。液液萃取是经典的提取方法，一般在分液漏斗中进行。一般的液液萃取都是分步萃取的，在水样中加入一些盐类物质（如氯化钠等）或调节水样的 pH 值，能降低目标物的溶解度，从而提高溶液萃取效率。一般非极性强的目标物分子可以用石油醚、正己烷、环己烷、正辛烷等溶剂进行提取；中等极性目标物可以用二氯甲烷等溶剂进行提取；对于一些强极性、强水溶性的农药（某些有机磷农药如甲胺磷和某些氨基甲酸酯类农药），一般液液萃取是很难达到理想的效果。液液萃取操作时，要注意将过量的气体排出。

液液萃取虽然对大部分的农药目标物提取效率较高，操作也较为简单，在一般的实验室都能实现，但其缺点是消耗溶剂量较大，实验者操作的劳动强度较大。

2. 固相萃取法

固相萃取法（SPE）是指水中农药目标物分子通过吸附剂的吸附作用而得

到富集，然后用一定的溶剂将其洗脱下来的过程。固相萃取法同样也可以用于固体/半固体样品制备中的净化过程，但其主要目的是净化作用。

根据吸附剂制备的方式不同，固相萃取法可分为固相柱萃取和固相膜萃取。虽然两种方法略有不同，但原理大致相当。目前，商品化的固相萃取小柱或萃取膜种类较多，如常用于水样中农药残留萃取的吸附剂通常为键合硅胶柱（如 LC-C18、LC-C8）。此外，还有一些文献报道的吸附剂，如纳米碳、活性炭、XAD-2 等材料做反相吸附剂；正相吸附剂如弗罗里硅土等。

3. 固相微萃取

固相微萃取（solid-phase microextraction，SPME）技术是 1989 年由加拿大学者提出的。最初研究者将该技术应用于环境化学分析（水、土壤、大气等），目前已应用于诸多领域。固相微萃取（SPME）的原理与固相萃取不同，固相微萃取不是将待测物全部萃取出来，其原理是建立在待测物在固定相和水相之间达成的平衡分配基础上。它以熔融石英光导纤维或其他材料为基体支持物，采取"相似相溶"的特点，在其表面涂渍不同性质的高分子固定相薄层，通过直接或顶空方式，对待测物进行提取、富集、进样和解析，然后将富集了待测物的纤维直接转移到仪器中，通过一定的方式解吸附（一般是热解吸或溶剂解吸），然后进行分离分析。

（二）作物样品

水果、蔬菜等含水量高的样品被打碎后：加入能与水相混溶的溶剂或混合溶剂在组织捣碎机中高速匀浆，可使溶剂与微细试样反复接触和萃取。含脂肪量高的样品，如谷物、豆类、油料作物等经粉碎后放入容器中，加入非极性或极性较小的溶剂振荡提取。对于含糖量较高的样品，一般可以加入一定量水分后再用有机溶剂提取。

（三）动物组织样品

对于一般量少的动物组织样品，可以在微型玻璃研磨器将组织研碎，用溶剂提取后净化；对于不易捣碎的动物组织样品，可以使用消化法，加入消化液，在沸水浴中消煮，后经稀释再进行液液分配萃取。

经典的提取器有振荡器、索氏提取器（soxhlet apparatus），通常也使用组织匀浆机。在捣碎样品时加入提取溶剂，将捣碎与提取操作合并进行。

第二节　样品浓缩

一、气流吹蒸法

气流吹蒸法是将空气或氮气吹入盛有净化液的容器中，不断降低液体表面蒸气压，使溶剂不断蒸发而达到浓缩的目的。此法操作简单，但效率低，主要用于体积较小、溶剂沸点较低的溶液的浓缩，但蒸气压较高的组分易损失。对于残留分析，由于多数待测组分不是太稳定，所以一般是用氮气作为吹扫气体。如需在热水浴中加热促使溶剂挥发，应控制水浴温度，防止被测物氧化分解或挥发，对于蒸气压高的农药，必须在 50 ℃以下操作，最后残留的溶液只能在室温下缓和的氮气流中除去，以免造成农药的损失。

二、减压浓缩法

有些待测组分对热不稳定，在较高温度下容易分解，采用减压浓缩，降低了溶剂的沸点，既可迅速浓缩至所需体积，又可避免被测物分解。常用的减压浓缩装置为全玻减压浓缩器，又称 KD 浓缩器，这种仪器是一种常用的减压蒸馏装置，这种仪器浓缩净化液时具有浓缩温度低、速度快、损失少以及容易控制所需要体积的特点，适合对热不稳定被测物提取液的浓缩，特别适用于农药残留分析中样品溶液的浓缩。此外，还可用作溶剂的净化蒸馏之用。

三、旋转蒸发器浓缩法

旋转蒸发器通过电子控制，使烧瓶在适宜的速度下旋转以增大蒸发面积。浓缩时可通过真空泵使蒸发烧瓶处于负压状态。盛装在蒸发烧瓶内的提取液，在水浴或油浴中加热的条件下，因在减压下边旋转、边加热，使蒸发瓶内的溶液黏附于内壁形成一层薄的液膜，进行扩散，增大了蒸发面积，并且，由于负压作用，溶剂的沸点降低，进一步提高了蒸发效率，同时，被蒸发的溶剂在冷凝器中被冷凝、回流至接收瓶。因此，该法较一般蒸发装置蒸发效率成倍提高，并且可防止暴沸、被测组分氧化分解。蒸发的溶剂在冷凝器中被冷凝，回流至溶剂接收瓶中，使溶剂回收十分方便。旋转蒸发浓缩器由机械部件、电控箱和玻璃仪器三大部分组成。目前旋转蒸发器的生产厂家较多，型号多种。使用前，按照产品说明书进行安装即可。使用时，将安装好的旋转蒸发器用橡皮软管接好真空泵，打开真空泵测试负压，用于检测气密性；接好冷凝管，打开冷凝水阀门；调节升降杆，使蒸发瓶置于事先准备好的水浴中；加样至蒸发瓶的1/2~2/3处，关闭进样口阀门，开启旋转控制，当浓缩到一定体积时，停止旋转，取下蒸发瓶倒出浓缩液，取下溶剂接收瓶，将回收液倒入回收桶中，再接好旋转瓶和接受瓶，继续加样蒸发，重复上述过程直至净化液全部浓缩完毕。

四、真空离心浓缩法

真空离心浓缩就是采用离心机、真空和加热相结合的方法，在真空状态下离心样品，并通过超低温的冷阱捕捉溶剂，从而将溶剂快速蒸发达到浓缩或干燥样品的目的。离心浓缩后的样品可方便地用于各种定性和定量分析。真空离心浓缩仪主要由离心主机、冷阱、真空泵三部分组成。操作时，按照仪器产品说明书进行。

第三节 样品净化

一、选择净化程序

使用有机溶剂提取样品中的农药时，样品中的油脂、蜡质、蛋白质、叶绿素及其他色素、胺类、酚类、有机酸类、糖类等会同农药一起被提取出来。提取液中既有农药，又有许多干扰物质，这些物质也称为共提物或辅提取物，会严重干扰残留量的测定。共提物的含量很高，可以用百分数来表示；而待测农药的含量很低，通常为百万分之几，仅占提取物中极小部分。样品净化是从待测样品提取液中将农药与杂质分离并除去杂质的步骤。

样品提取物中辅提取物的量和类型决定了净化程序的选择。存在的辅提取物越多，所需要的净化程序就越精确，这样才能保证检测时样品达到足够的纯度。但是在某些情况下，如检测前估计辅提取物的量可以忽略不计或者检测前样本需要大幅度的稀释时，就不需要进一步净化。对于大部分样品来说，分析检测以前需要一些形式的净化。

净化柱可以将农药从其他辅提取物中分离出来。理想情况是完全去除杂质，但是实际则是降低杂质的浓度，以使其在分析过程中不至于造成影响。

净化技术如何选择还取决于样品的性质和类型，这是因为不同种类样品的脂肪含量、含水量、含糖量、胡萝卜素、有机硫化物或一些次级产物含量千差万别。

净化过程在去除这些杂质时，常常会伴随农药丢失。所以，样品净化是农药残留分析中难度较大的亦是最重要的步骤之一，是残留分析成败的关键。净化过程中主要使用分离技术，在农药残留分析中使用的净化技术涉及分离学科的许多领域，并且随着新技术的发展而不断更新。这种分离和浓缩技术，主要是基于混合物中各组分不同的理化性质，如挥发性、溶解度、电荷、分子大小、分子的开关和极性的不同，在两个物相间转移。但对于多组分样品，需要较复杂的分离技术，通常从互不相溶的两相中进行选择性转移。所有的分离技术都包含一个或几个化学平衡，分离的程度会随着实验条件而变化，不能单纯依赖理论，需多次实践才能达到理想的分离效果。

二、液液分配萃取法

液液萃取法（liquid-liquid extraction，LLE）是利用样品中的农药和干扰物质在互不相溶的两种溶剂（溶剂对）中分配系数的差异，进行分离和净化的方法。通常使用一种能与水相溶的极性溶剂和另一种不与水相溶的非极性溶剂配对来进行分配，这两种溶剂为溶剂对。经过反复多次分配，使试样中的农药残留与干扰杂质分离，样品得到净化。如选用合适溶剂提取，则提取溶剂亦是液液萃取的溶剂对。

（一）含水量高的样品

先用极性溶剂提取，再转入非极性溶剂中。

1. 净化有机磷、氨基甲酸酯等极性稍强农药的溶剂对

水，二氯甲烷；丙酮，水-二氯甲烷；甲醇，水-二氯甲烷；乙腈，水-二氯甲烷。

2. 净化非极性农药的溶剂对

水，石油醚；丙酮，水-石油醚；甲醇，水-石油醚。

（二）含水量少、含油量较高的样品

净化的主要目的是除去样品中的油和脂肪等杂质。

1. 净化比较极性农药

先用乙腈、丙酮或二甲基亚砜、二甲基甲酰胺提取样品，然后用正己烷或石油醚进行分配，提取出其中的油脂干扰物，弃去正己烷层，农药留在极性溶剂中，加食盐水溶液于其中，再用二氯甲烷或正己烷反提取其中农药。常用的

溶剂对有乙腈-正己烷、二甲基亚砜-正己烷、二甲基甲酰胺-正己烷。

2. 净化比较非极性农药

用正己烷（或石油醚）提取样品后，用极性溶剂乙腈（或二甲基甲酰胺）多次提取，农药转入极性溶剂中，弃去石油醚层，在极性溶剂中加食盐水溶液，再用石油醚或二氯甲烷提取农药。

三、常规柱层析法

常规柱层析法（conventional column chromatogram）主要指常规吸附柱层析，是利用色谱原理在开放式柱中将农药与杂质分离的净化方法。农药残留样品提取液通过液液分配萃取处理后，通常再使用常规柱层析，一般使用直径 $0.2 \sim 2$ cm、长 $10 \sim 20$ cm 的玻璃柱，以吸附剂作固定相、溶剂为流动相，将样品提取浓缩液加入柱中，使其被吸附剂吸附，再向柱中加入淋洗溶剂，使用极性稍强于提取剂的溶剂淋洗，极性较强的农药先被淋洗下来，样品中的大分子和非极性杂质则留在吸附剂上。只有当吸附剂的活性和淋洗剂的极性选择适宜，淋洗剂的体积掌握合适时，杂质才能滞留在柱上，农药被淋洗下来，可使农药与杂质分开。

最常用的吸附剂有氧化铝、硅胶、弗罗里硅土、活性炭等。吸附剂和淋洗剂的选择，根据经验可概括如下：①极性物质易被极性吸附剂吸附，非极性物质易被非极性吸附剂吸附。②氧化铝、弗罗里硅土对脂肪和蜡质的吸附力较强，活性炭对色素的吸附力强，硅藻土本身对各种物质的吸附力弱，但酸性硅藻土对样品中的色素、脂肪和蜡质净化效果好。③改变淋洗溶剂的组成，可以获得特异的选择性。如在一根柱上用不同极性溶剂配比进行淋洗，可将各种农药以不同次序先后淋洗下来。

四、固相萃取法

（一）固相萃取的概念和基本原理

固相萃取（solid phase extraction，SPE），是由液固萃取和液相色谱技术相结合的一项技术，主要用于样品的分离、净化和富集。固相萃取技术基于液固色谱理论，采用选择性吸附、选择性洗脱的方式对样品进行富集、分离、净化，是一种包括液相和固相的物理萃取过程，也可以将其近似地看作一种简单的色谱过程。较常用的固相萃取方法是，使液体样品溶液通过吸附剂，保留其中被测物质，再选用适当强度的溶剂淋洗杂质；然后，用少量溶剂迅速洗脱被测物质，从而达到快速分离净化与浓缩的目的。也可选择性吸附干扰物质，而让被测物质流出。或同时吸附杂质和被测物质，再使用合适的溶剂选择性洗脱被测物质。

与传统的液液分配萃取相比较，固相萃取具有表7-1的特点。

表7-1　液液分配萃取与固相萃取优缺点比较

项目	优点	缺点
液液分配萃取	无须特殊装置	操作烦琐，费时； 需要耗费大量有机溶剂，导致高成本和对环境的污染； 难以从水中提取高水溶性物质 易发生乳化现象
固相萃取	可同时完成样品富集与净化，大大提高检测灵敏度； 比液液萃取快，节约时间，节省溶剂； 可自动化批量处理； 多种键合固定相可选择； 可富集痕量农药； 可消除乳化现象； 回收率高，重现性好	使用固相萃取柱小柱，成本较高； 需要进行方法开发

（二）固相萃取的分类

1. 反相固相萃取

反相固相萃取由非极性固定相组成，适用于极性或中等极性的样品基质。待分析农药化合物多为中等极性到非极性化合物。洗脱时，采用中等极性到非极性溶剂。纯硅胶表面的亲水性硅醇基通过硅烷化反应被疏水性烷基、芳香基取代。因此，烷基、芳香基键合的硅胶属于反相固相萃取类型，如 LC-18、ENVI-18、LC-8、LC-4、LC-Ph 等。另外，以下物质也用于反相条件。

（1）含碳的吸附物质。如 ENVI-carb 材料（由石墨、无孔碳组成）、多壁碳纳米管等。

（2）聚合类吸附物质。如 ENVI-Chrom P 材料，由苯乙烯-二乙烯基苯构成，用其保留一些含有亲水性官能团的疏水性物质，尤其是芳香型化合物，如苯酚，效果好于 C-18 键合硅胶。由于分析物中碳氢键同硅胶表面官能团的吸附作用，使得极性溶液（如水溶液）中的有机物能保留在固相萃取物质上。

这些非极性分子与非极性分子之间的吸附力为范德华力中的色散力。一般采用非极性溶剂洗脱。

2. 正相固相萃取

正相固相萃取由极性固定相组成，适用于极性分析物质，也可以用于极性、中等极性或非极性样品基质。极性官能团键合硅胶（如 LC-CN、LC-NH$_2$ 和 LC-Diol 等）、极性吸附物质（如 LC-Si、LC-Florisil、LC-Alumina 等）常用于正相固相萃取。在正相条件下，分析物质如何保留取决于分析物的极性官能团和吸附剂表面的极性官能团之间的相互作用，包括氢键、π-π 相互作用、偶极-偶极相互作用、偶极-诱导偶极相互作用及其他。洗脱时采用极性更高的溶剂（溶剂强度因子大于 0.6）。

3. 离子交换固相萃取

离子交换固相萃取有阴离子交换（如 LC-SAX、LC-NH$_2$）和阳离子交换（如 LC-SCX、LC-WCX）之分。离子交换固相萃取适用于带有电荷的化合物。其基本原理是静电吸引，也就是化合物上的带电荷基团与键合硅胶上的带电荷基团之间的吸引。离子交换固相萃取用于除去样品中的金属离子，更常用于萃取样品中的可解离化合物。为了从水溶液中将化合物吸引到离子交换树脂上，样品的 pH 值一定要保证其分离物的官能团和键合硅胶上的官能团均带电荷。如果某种离子带有与所分析物一样的电荷，将会干扰所分析物的吸附。洗脱溶液一般是其 pH 值能中和分离物的官能团上所带电荷，或者中和键合硅胶上的官能团所带电荷。当官能团上的电荷被中和，静电吸引也就没有了，分析物随之而洗脱。另外，洗脱溶液也可能是一种离子强度很大或者含有另一种离子能取代被吸附的化合物，这样被吸附的化合物也随之而洗脱。

（三）固相萃取柱及配套装置

1. 固相萃取柱

固相萃取柱（solid phase extraction column，简称 SPE column，或 solid phase extraction cartridges，简称 SPE cartridges）是从层析柱发展而来的一种用于萃取、分离、浓缩的样品前处理装置。主要应用于各种食品、农畜产品、环境样品以及生物样品中目标化合物的样品前处理。固相萃取柱分为三部分（图 7-1）：聚丙烯柱管，多孔聚丙烯筛板（20 μm）和填料（多为 40~60 μm 或 80~100 μm）。固相萃取柱的容量是指固相萃取柱填料的吸附量。对于以硅胶为基质的固相萃取柱，其容量一般在 1~5 mg/100 mg，也就是柱容量是填料质量的 1%~5%。而键合硅胶离子交换吸附剂填料的容量以 meq/g 表示，即每克填料的容量为 X 毫克当量。这类填料的容量通常在 0.5~1.5 meq/g。固相萃取柱一般是一次性使用，避免交叉污染，保证检测可靠性。

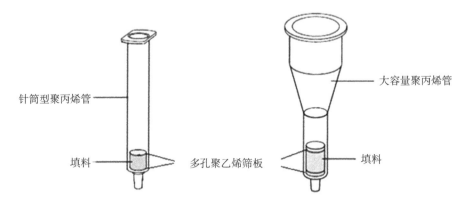

图 7-1　固相萃取柱结构

固相萃取吸附剂即固相萃取柱填料，可分为三大类：第一类是以硅胶为基质（例如 C18、C8 等）；第二类是以高聚物为基质，例如聚苯乙烯-二乙烯苯等；第三类是以无机材料为主的，例如弗罗里硅藻土、氧化铝、石墨化碳等。

2. 固相萃取配套装置

真空 SPE 装置：玻璃钢，真空压力表，收集管架，流速调节阀，导流针等，属于负压方式，见图 7-2。

图 7-2　固相萃取配套装置

（四）固相萃取的操作步骤和方法建立

有两种方式可实现样品的固相萃取分离纯化：一种是使杂质保留在吸附剂

上，待测组分不被保留或被洗脱；另一种是待测组分保留而杂原自然流出或先被洗脱，然后待测组分再被适当的洗脱剂洗脱。对于大体积样品如环境样品的前处理，后者还具有组分富集作用。固相萃取样品前处理方法建立的关键是根据样品的理化性质选择合适种类的固相萃取剂，然后根据回收率优化平衡溶剂、淋洗溶剂、洗脱溶剂，并确定洗脱溶剂的接收时段和体积。固相萃取的一般操作步骤主要包括：①采用强洗脱溶剂活化并清洗填料；②以弱洗脱溶剂冲洗平衡填料；③以弱溶剂溶解样品并上样；④用类似或稍强于样品溶剂的洗脱剂淋洗固相萃取柱，除去干扰组分；⑤用强洗脱剂洗脱固相萃取柱，收集目标体积段的洗脱液，洗脱液经过浓缩后进行色谱分析。固相萃取步骤见图7-3。

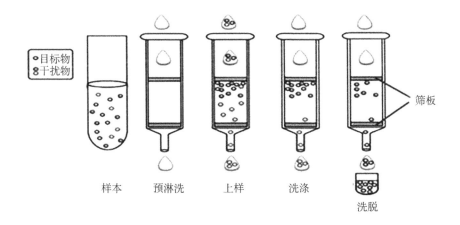

图 7-3　固相萃取步骤

参考文献

蔡建荣，张东升，赵晓联，2002. 食品中有机磷农药残留的几种检测方法比较 [J]. 中国卫生检验杂志，12（6）：750-752.

柴丽月，常卫民，陈树兵，等，2006. 食品中农药残留分析技术研究 [J]. 食品科学，27（7）：238-242.

陈树兵，单正军，胡秋辉，2004. 食品中农药残留检测的样品前处理技术 [J]. 食品科学，25（12）：127-130.

胡支向，黄阳成，翁春英，等，2015. 气相色谱双柱双检测器法同时测定蔬菜水果中有机磷农药多残留的应用研究 [J]. 广西农学报，30（4）：

41-44.

李晶玉，刘庆功，2008. 有机磷农药分析检测方法进展 [J]. 安徽农学通报，14（13）：184-185.

刘丰茂，潘灿平，钱传范，2021. 农药残留分析原理与方法 [M]. 北京：化学工业出版社.

刘宏伟，2013. 水果蔬菜中 17 种有机氯和拟除虫菊酯类农药残留检测方法研究 [J]. 中国计量（7）：85-86.

薛丽，刘敏，孙茜，等，2014. 蔬菜水果中有机氯和拟除虫菊酯类农药残留检测前处理方法的技术探讨 [J]. 粮油加工（6）：78-83.

薛丽，王尚君，张卫东，等，2022. 双柱双检测器气相色谱法测定蔬菜水果中 8 种有机磷农药残留量 [J]. 农药，61（3）：208-211.

易军，李云春，弓振斌，2002. 食品中农药残留分析的样品前处理技术进展 [J]. 化学进展，14（6）：415-424.

第八章　农药残留检测技术

第一节　农药残留检测概述

一、农药残留检测技术发展历程

自从 1963 年 Mills-Olney-Gaither（MOG）方法应用以来，随着仪器的发展及新技术的开发，伴随新农药化合物的出现，不同检测方法也层出不穷。新技术和新方法的不断更新，现代的分析手段具有了更低的检测限、更低的分析耗费、更短的分析时间和更广的分析范围等特点。1955 年第一台商品气相色谱仪器的推出，1958 年毛细管气相色谱柱的问世，为农药残留检测提供了硬件基础。

1963 年，Mills 等 3 位学者首次报道了用单一纯乙腈提取检测低脂食品中有机氯杀虫剂以及其他非极性农药残留的方法（MOG 方法），此法成为后续方法开发的基础，但不能检测极性的有机氮和有机磷农药。

1971 年，Becker 等改进了 Mills 等的方法，用丙酮替代乙腈作为初提取剂提取食品中有机氯、有机磷、有机氮类农药，后用二氯甲烷和石油醚复配溶剂进行二次萃取除水，并用一种碳化物进行净化。

1975 年，分离步骤中石油醚取代了丙酮以消除一些水果分析中的沉淀物。

1981 年，出现了火焰光度检测器（FPD）检测磷、硫，电导检测器（ELCD）检测卤素和硫。

1982 年，层析柱可同时完成提取和净化步骤：将样品溶液与硅胶或氧化铝混合，以除去油脂。这种方法比液液分配萃取和弗罗里硅土净化的方法效果好。

1983 年，Luke 等用丙酮作为提取剂，用弗罗里硅土净化样品，用气相色谱检测了低水低脂食品中有机氯和有机磷农药含量。该方法在提取液中加入 NaCl 使水相饱和，提高了丙酮在有机相中的比例，从而大大增加了有机相的极性，使回收率得到了大幅度提高。

1985 年，固相萃取法产生，C18 连在硅胶上，离子交换树脂（XAD）等应用于气样和水样中农药的提取及前处理。

1977—1987 年，化合物基团确证方法得到了进一步的发展。C18 净化氨基甲酸酯类、苄基脲类、苯并咪唑类农药，然后用不同检测系统的 HPLC 进行检测。

1984—1988 年，产生了双毛细管气相色谱，包括不同极性的柱子的使用和多元的检测器，因此废除了彻底净化的必要性。

1993 年，Carins 方法应用固相萃取柱净化。固相萃取法有两个优点：第一，C18 的应用通过一个反相净化去除样品中的非极性化合物。第二，使用强或弱的阴离子固相萃取柱去除酸性酚类和糖类化合物。氨基甲酸酯类、苯基脲类、苯并咪唑类农药可以不经过额外净化就进行检测。

质谱的产生，高灵敏度的检测技术，与毛细管气相、液相色谱联用进行农药残留分析，能更准确地对化合物进行定性。

2003 年一种普适性强且集提取和净化于一体的农药残留检测样品前处理技术——QuEChERS 方法产生。关注基质效应与补偿技术。

目前，碳纳米管、键合功能性磁珠等新材料，各种更快捷、高效的吸附过滤净化方法均在农药残留前处理中得到应用。仪器方面，色谱-三重四极杆质谱联用得到了普及，高分辨质谱联用技术开始应用于风险监测、风险评估和营养功能组分分析。

二、农药残留检测技术分类

（一）光谱法

光谱法是根据有机磷农药中的某些官能团或水解、还原产物与特殊的显色剂在特定的环境下发生氧化、磺酸化、络合等化学反应，产生特定波长的颜色反应来进行定性或定量测定。检出限在微克级。它可直接检测固体、液体及气体样品，对样品前处理要求低、环境污染小，分析速度快。但是光谱法只能检测一种或具有相同基团的一类有机磷农药，灵敏度不高，一般只能作为定性方法。

（二）酶抑制法

酶抑制法是根据有机磷和氨基甲酸酯类农药能抑制昆虫中枢和周围神经系统中乙酰胆碱的活性，造成神经传导介质乙酰胆碱的积累，影响正常神经传导，使昆虫中毒致死这一昆虫毒理学原理进行检测的。根据这一原理，通过将特异性抑制胆碱酯酶（ChE）与样品提取液反应，若 ChE 受到抑制，就表明样品提取液中含有有机磷或氨基甲酸酯农药。

（三）色谱法

色谱法是农药残留分析的常用方法之一，它根据分析物质在固定相和流动相之间的分配系数的不同达到分离目的，并将分析物质的浓度转换成易被测量的电信号（电压、电流等），然后送到记录仪记录下来的方法。主要有薄层色谱法、气相色谱法和高效液相色谱法。

1. 薄层色谱法

薄层色谱法（thin-layer chromatography，TLC）是一种较成熟的、应用也较广的微量快速检测方法，20 世纪 60 年代色谱技术的发展，使薄层色谱法在农药残留分析中得到广泛应用。薄层色谱法实质上是以固态吸附剂（如硅胶、氧化铝等）为担体，水为固定相溶剂，流动相一般为有机溶剂组合而成的分配型层析分离分析方法。

2. 气相色谱法

气相色谱法（gas chromatography，GC）是在柱层析基础上发展起来的一种新型仪器方法，是色谱发展中最为成熟的技术。它以惰性气体为流动相，利用经提取、纯化、浓缩后的有机磷农药（Ops）注入气相色谱柱，升温气化后，不同的 Ops 在固定相中分离，经不同的检测器检测扫描绘出气相色谱图，通过保留时间来定性，通过峰或峰面积与标准曲线对照来定量，具有既定性又定量、准确、灵敏度高，并且一次可以测定多种成分的柱色谱分离技术。

3. 气相色谱–质谱联用技术

气相色谱–质谱联用（gas chromatography-mass spectrum，GC-MS）技术是农药残留研究强有力的工具。气相色谱–质谱联用是将气相色谱仪和质谱仪串联起来作为一个整体的检测技术。样品中的残留农药通过气相色谱分离后，对它们进行质谱的从低质量数到高质量数的全谱扫描。根据特征离子的质荷比和质量色谱图的保留时间进行定性分析，根据峰高或峰面积进行定量，不但可将目标化合物与干扰杂质分开，而且可区分色谱柱无法分离或无法完全分离的样品。

4. 高效液相色谱法

高效液相色谱法（high-performance liquid chromatography，HPLC）是以液

体为流动相，利用被分离组分在固定相和流动相之间分配系数的差异实现分离，是在液相色谱柱层析的基础上，引入气相色谱理论并加以改进而发展起来的色谱分析方法。

5. 液相色谱-质谱联用

液相色谱-质谱联用（liquid chromatography-mass spectrum，LC-MS）是利用内喷射式和粒子流式接口技术将液相色谱和质谱联接起来的方法。LC 在分离方面非常有效，而 MS 允许分析物在痕量水平上进行确认和确证。LC-MS 对简单样品具有几乎通用的多残留分析能力，检测灵敏度高，选择性好，定性定量可同时进行，结果可靠。主要用于分析热不稳定、分子量较大、难于用气相色谱分析的样品，是农药残留分析中很有力的一种方法。

第二节　快速检测技术

传统的 GC/MS 等农残分析技术检测成本高、时间长，这就给食品安全监管部门对农产品产前、产中、产后的监督工作带来了许多不便，因此也催生出大量的快速农药残留的检测技术，常见的有化学速测法、免疫分析法、酶抑制法和活体检测法等。化学速测法，主要根据氧化还原反应，水解产物与检测液作用变色，用于有机磷农药的快速检测，但是灵敏度低，使用有局限性，且易受还原性物质干扰；免疫分析法，主要有放射免疫分析和酶免疫分析，最常用的是酶联免疫分析（ELISA），基于抗原和抗体的特异性识别和结合反应，对于小分子量农药需要制备人工抗原，才能进行免疫分析；酶抑制法，是研究最成熟、应用最广泛的快速农残检测技术，主要根据有机磷和氨基甲酸酯类农药对乙酰胆碱酶的特异性抑制反应；活体检测法，主要利用活体生物对农药残留的敏感反应，例如给家蝇喂食样品，观察死亡率来判定农残量。该方法操作简单，但定性粗糙、准确度低，对农药的适用范围窄。农药残留快速检测最常见的是用农药残留快速检测仪来测定农产品中有机磷和氨基甲酸酯类农药，属于酶抑制法。

一、检测原理

在一定条件下，有机磷和氨基甲酸酯类农药对胆碱酯酶正常功能有抑制作用，其抑制率与农药的浓度呈正相关。正常情况下，酶催化神经传导代谢产物（乙酰胆碱）水解，其水解产物与显色剂反应，产生黄色物质，用分光光度计测定 412 nm 下吸光度随时间的变化值，计算出抑制率，通过抑制率可以判断出样品中是否含有有机磷或氨基甲酸酯类农药的残留。本方法已成为国家标准方法（GB/T5009.199—2003）。

二、检测仪器

农药残留快速检测仪是根据国家标准（GB/T5009.199—2003）和农业标准方法（NY/T448—2001）中的酶抑制率法，结合快速检测方法研制的全新食品安全检测设备，能准确、快速检测出蔬菜、水果中有机磷类和氨基甲酸酯类农药残留量。农药残留快速检测仪是根据我国国情和市场需要而研制开发的专用仪器。可以实现有机磷及氨基甲酸酯类农药残留量的现场快速检测。它可以广泛适用于各级食品安全监督部门、各级食品安全监测部门、蔬菜生产基地、蔬菜批发基地、农贸市场、食品超市、食品安全检测流动车、卫生防疫、环境保护等领域的蔬菜、水果中农药残留检测。图 8-1 为常见的一种农药残留快速检测仪。

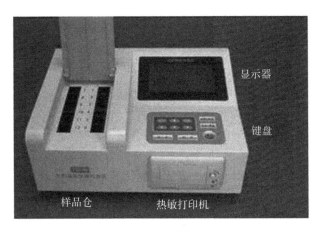

图 8-1 农药残留快速检测仪

（一）仪器正常工作条件

环境温度 5~35 ℃。室内相对湿度不大于 85%。仪器应放在平稳的工作台上，无阳光直射及强烈的电磁场干扰，室内无腐蚀性气体。

（二）仪器功能与特点

符合国标：仪器与配套试剂严格按国家标准生产，采用连续检测法和酶抑制法。

技术创新：检测时间短、速度快、操作简单；仪器体积小、重量轻、方便携带。

科学处理：具有图谱化与导数处理功能，不能人为更改检测数据与结果，保证检测过程及结果的准确与真实性；采用数据库管理模式可快速准确地检索检测结果，方便报表快捷地编辑和打印输出。

无盲检测：针对快速检测中易呈假阳性结果的问题，农药残留快速检测仪能够有效去除蔬菜本身未知化合物对酶速测法测定的干扰，大大降低了假阳性现象。

智能联网：支持网络数据传输，同步将检测结果上传至联网监测系统中，达到实时监控和安全预警目的，完善地区农产品质量安全监控体系建设。

三、使用方法

（一）开机

接通电源，打开仪器背面绿色电源开关，仪器显示开机画面，按画面提示操作，按下回车键，仪器开始自检，时间约 1 min。自检完毕后，仪器进入待机检测状态。

（二）试剂配制

缓冲液：取 1 包缓冲剂加入 500 mL 蒸馏水或纯净水中，搅拌溶解制成磷酸缓冲液（pH 值为 7.6），常温保存。

显色剂：取 1 瓶显色剂加 25 mL 缓冲液溶解，使用时取 100 μL，4 ℃冰箱保存。

底物：取 1 瓶底物加 12.5 mL 蒸馏水或纯净水溶解，使用时取 100 μL，4 ℃冰箱保存；或取 1 瓶底物加 2.5 mL 蒸馏水或纯净水溶解，使用时取 20 μL，4 ℃冰箱保存。

胆碱酯酶：酶制剂无须配制，可直接取用，使用时取 100 μL，4 ℃冰箱保存。

（三）样品提取

取 2 g 果蔬样品（块茎类取 4 g），叶菜剪成 1 cm 左右见方的碎片，块茎类取横截面样品或取其表皮，放入三角瓶中，加入 10 mL 缓冲液，振荡 1～2 min，倒出提取液，静置 2 min，待测。若提取液混浊或杂质太多可过滤后再测。

（四）测试

对照测试：于反应瓶中加入 2.5 mL 缓冲液，再分别加入 100 μL 酶液和显色剂，混匀，静置反应 10 min 后加入 100 μL（或 20 μL）底物，摇匀并立即倒入比色杯中，及时放入仪器的测量室第 1 通道，合上盖。按〈B〉键，显示屏下方延迟 10 s 后，测量时间开始倒计时，计时完毕，显示屏显示吸光度增量（ΔA_0）及抑制率。在进行对照测试时，2~8 通道可同时进行样品测试。

样品测试：于反应瓶中加入 2.5 mL 待测液，再分别加入 100 μL 酶液和显色剂，混匀，静置反应 10 min 后加入 100 μL（或 20 μL）底物，摇匀并立即倒入比色杯中，及时放入仪器的测量室通道，合上盖。按〈M〉键，显示屏下方延迟 10 s 后，测量时间开始倒计时，计时完毕，显示屏显示吸光度增量（ΔA_t）及抑制率。数据自动保存，如有需要按〈P〉键打印。

四、结果判定

以分光光度计测试（412 nm 波长）时，计算抑制率公式如下。

$$抑制率（\%）= [（\Delta A_0 - \Delta A_t）/\Delta A_0] \times 100$$

农药残留快速测试仪检测时其抑制率一般可自动计算。若样品抑制率 ≥ 50%，表示样品农残超标，为阳性结果。阳性结果的样品需做 2 次以上重复检测，多次检测仍呈阳性需用气相色谱等仪器做进一步确认。

五、注意事项

包装及保存：农残速测试剂包含缓冲剂 10 包，胆碱酯酶 5 瓶，显色剂 5 瓶，底物 5 瓶，可供 500 份样品测试；使用前整盒试剂应保存于 4 ℃冰箱，保质期 12 个月；室温或常温保存时，保质期 3~6 个月。

试剂的使用：任何试剂使用时，先使用一瓶，等用完后再开一瓶新的，防止试剂变质。

试剂只出不入原则：测试时，从任何试剂瓶吸出的试剂，禁止再次注射回试剂瓶。

器具专用原则：任何用于移液的器具和容器都应贴上标签，单独使用，以免交叉污染。

第三节　气相色谱法和气质联用

一、气相色谱法及其特点

（一）气相色谱法

气相色谱法是利用气体作流动相的色层分离分析方法。汽化的试样被载气（流动相）带入色谱柱中，柱中的固定相与试样中各组分分子作用力不同，各组分从色谱柱中流出时间不同，组分彼此分离。采用适当的鉴别和记录系统，制作标出各组分流出色谱柱的时间和浓度的色谱图。根据图中表明的出峰时间和顺序，可对化合物进行定性分析；根据峰的高低和面积大小，可对化合物进行定量分析。具有效能高、灵敏度高、选择性强、分析速度快、应用广泛、操作简便等特点。适用于易挥发有机化合物的定性、定量分析。对非挥发性的液体和固体物质，可通过高温裂解，气化后进行分析。可与红光及收光谱法或质谱法配合使用，以色谱法作为分离复杂样品的手段，达到较高的准确度。在检测农药时，被分离农药在色谱柱内运动时必须处于气化状态，而气化与农药的性质和所处环境（主要指进样口温度和压力、气体类型和进样方式等）有关。所以，被分离农药无论是液体还是固体，是有机物还是无机物，只要这些农药在气相色谱仪所能达到的工作温度下气化，而且不发生分解，原则上都可采用气相色谱法。目前气相色谱仪的工作温度可达到450 ℃，在该温度下，对蒸汽压不小于 20~1 300 Pa，热稳定性好的农药都可以进行分析；沸点在 500 ℃以下、相对分子质量小于 400 的农药，原则上都可以采用气相色谱法进行分离和分析，但对于那些相对分子质量大、热分解和难挥发农药原则上不能直接采用气相色谱法分析。

（二）气相色谱法特点

1. 分离效率高

毛细管色谱柱的应用，使得色谱柱理论塔板数大幅度提高，对于化合物多组分分离、化合物与干扰物的分离更加简单。

2. 分离速度快

分析农药样品一般需要几分钟，尤其在毛细管柱替代填充柱以后，对于农药组分多残留分析的速度大大提高，甚至几十秒就可以完成分离，几十种甚至上百种农药在几十分钟内就可以很好地分离，大幅缩短了检测时间。

3. 所需样品量小

气相色谱分析进样量体积一般在 $1\sim2~\mu L$。毛细管色谱柱承载样品量一般在 ng 级水平。

4. 灵敏度高

气相色谱法一般配备高灵敏度检测器，大大提高了化合物检测能力，适用于农药残留痕量组分的分离分析。如电子捕获检测器（ECD）可以检测 1×10^{-12} g 的组分甚至更低；火焰光度检测器（FPD）对有机磷和有机硫农药有特异性响应，氮磷检测器（NPD）对有机氮、有机磷有特异性响应，质谱检测器尤其是选择离子监测（SIM）模式在提供定性信息的同时，降低了基质干扰物对待分析物的影响，从而也大大提高了方法检测灵敏度。

5. 选择性好

气相色谱固定相对性质相似的组分具有较强的分辨能力。通过选择固定液，可以根据各组分之间的分配系数差异而实现分离。此外不同类型的检测器对某类农药组分具有较高的响应，如 ECD 对含有卤族元素的农药化合物有很好的响应，FPD 对含磷、硫农药有很好的响应，NPD 对含氮、磷有较高的响应，质谱检测器选择离子监测（SIM）模式在选择性方面提供了更多手段，甚至在色谱柱上不能分离的组分也可以通过选择合适的检测离子而避免两组分相互干扰，实现高选择性。

二、气相色谱仪基本构造

气相色谱仪的种类繁多，功能各异，但其基本结构相似，见图 8-2。气相色谱仪一般由气路系统、进样系统、分离系统（色谱柱系统）、温控系统、检测系统、记录系统组成。

三、气相色谱载气系统

气路系统包括气源、净化干燥管和载气流速控制及气体化装置，是一个载气连续运行的密闭管路系统，气路结构示意如图 8-3 所示。通过该系统可以获得纯净的、流速稳定的载气。它的气密性、流量测量的准确性及载气流速的稳定性，都是影响气相色谱仪性能的重要因素。

气相色谱中常用的载气有氢气、氮气、氩气，化学惰性好，不与有关物质反应。载气的选择除了要求考虑对柱效的影响外，还要与分析对象和所用的检测器相配。通常，选用何种载气取决于检测器的类型。例如，放电离子化检测

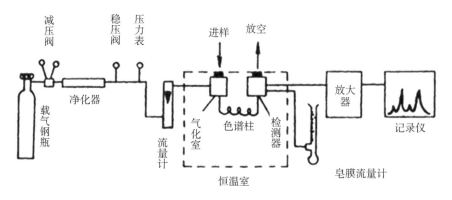

图 8-2　气相色谱仪基本构造

器（DID）需要氦气作为载气。不过，当对气体样品进行分析的时候，载气有时是根据样品的母体选择的，例如，当对氩气中的混合物进行分析时，最好用氩气作载气，因为这样做可以避免色谱图中出现氩的峰。安全性与可获得性也会影响载气的选择，比如说，氢气可燃，而高纯度的氦气某些地区难以获得。（参见：氦气——分布与生产）很多时候，检测器不仅仅决定了载气的种类，还决定了载气的纯度（虽然对灵敏度的要求也在很大程度上影响载气纯度的要求）。通常来说，气相色谱中所用的载气，纯度应该在 99.999% 以上。用于标识纯度的典型商品名包括 "零点气级""高纯度（UHP）级""4.5 级" 和 "5.0 级"。载气流速对分析的影响在方式上与温度类似。载气流速越高，分析速度越快，但是分离度越差。因此，最佳载气流速的选择与柱温的选择一样，都需要在分析速度与分离度之间取得平衡。20 世纪 90 年代之前生产的气相色谱仪的载气流速往往通过载气入口的压力（柱前压）进行控制，实际的载气流速则在柱的出口端通过电子流量计或皂膜流量计进行测定。在整个运行过程中，柱前压不能再改变，气流必须稳定。现代的气相色谱仪已经能用电路自动测定气体流速，并通过自动控制柱前压来控制流速。因此，载气压强与流速可以在运行过程中调整。柱前压/气流控制程序（与温度控制程序类似）随之出现。

四、气相色谱进样系统

（一）进样系统构成

进样器：根据试样的状态不同，采用不同的进样器。液体样品的进样一般

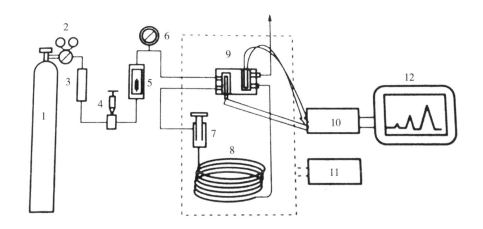

1. 载气钢瓶；2. 减压阀；3. 净化管；4. 气流调节阀；5. 转子流量计；6. 压力表；
7. 进样器；8. 色谱柱；9. 检测器；10. 放大器；11. 温度控制器；12. 记录仪

图 8-3　气路结构示意

采用微量注射器。气体样品的进样常用色谱仪本身配置的推拉式六通阀或旋转式六通阀。固体试样一般先溶解于适当试剂中，然后用微量注射器进样。

气化室：气化室一般由一根不锈钢管制成，管外绕有加热丝，其作用是将液体或固体试样瞬间气化为蒸气。为了让样品在气化室中瞬间气化而不分解，因此要求气化室热容量大，无催化效应。

加热系统：用以保证试样气化，其作用是将液体或固体试样在进入色谱柱之前瞬间气化，然后快速定量地转入色谱柱中。

（二）气相色谱法进样口类型与流速

进样口类型和进样技术通常与样品存在的形态（液态、气态、被吸附、固态）以及是否存在需要气化的溶剂有关。如果样品分散良好，并且性质已知，那么它就可以通过冷柱头进样口直接进样；如果需要蒸发除去部分溶剂，就使用分流/不分流进样口（通常用注射器进样）；气体样品（如来自气缸）通常用气体阀进样器进样。被吸附的样品（如在吸附管上）可以通过外部的（在线或离线）解吸装置（如捕集-吹扫系统）或者在分流/不分流进样器中解吸（使用固相微萃取技术）。

（三）气相色谱法样品量与进样技术

气相色谱中的进样技术一般遵循十分之一原则，真正的气相色谱分析过程从样品进入色谱柱开始。毛细管气相色谱法的发展使得进样技术面临着很多实践中的问题。柱上进样技术多用于填充柱而不适用于毛细管柱。在毛细管气相色谱仪中的进样技术应该满足以下两个条件：进样量不得超过柱的容量；与展开过程引起的样品展宽相比，进样后的塞式流宽度应该很小。如果不能满足这一要求，色谱柱的分离能力将会下降。一个普遍的规则是，注入的体积和检测器的体积应该只有样品中包含被分析物的部分出柱时的体积的十分之一。优秀进样技术应当满足的一般要求：应该能使色谱柱达到它的最佳分离效率；对于小量的有代表性的（典型）样品，进样应具有准确性和可重现性；不能改变样品组成（对于具有不同的沸点、极性、浓度与热力学稳定性的物质，进样过程中不应有所差异）；应该既适用于痕量分析，也适用于浓度相对较大的样品。分流/不分流进样器原理图解见图 8-4。

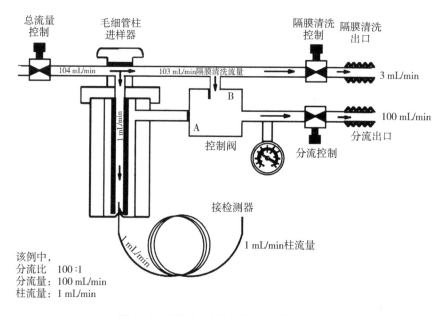

图 8-4　分流/不分流进样器原理图解

五、气相色谱分离系统

分离系统是色谱仪的心脏部分，其作用就是把样品中的各个组分分离开来。分离系统由柱室、色谱柱、温控部件组成。其中色谱柱是色谱仪的核心部件。色谱柱主要有两类：填充柱和毛细管柱（开管柱）。柱材料包括金属、玻璃、融熔石英、聚四氟等。色谱柱的分离效果除与柱长、柱径和柱形有关外，还与所选用的固定相和柱填料的制备技术，以及操作条件等许多因素有关。

（一）气相色谱柱工作原理

色谱柱利用色谱柱先将混合物分离，然后利用检测器依次检测已分离出来的组分。色谱柱的直径为数毫米，其中填充有固体吸附剂或液体溶剂，所填充的吸附剂或溶剂称为固定相。与固定相相对应的还有一个流动相。流动相是一种与样品和固定相都不发生反应的气体，一般为氮或氢气。待分析的样品在色谱柱顶端注入流动相，流动相带着样品进入色谱柱，故流动相又称为载气。载气在分析过程中是连续地以一定流速流过色谱柱的；而样品则只是一次一次地注入，每注入一次得到一次分析结果。样品在色谱柱中得以分离是基于热力学性质的差异。固定相与样品中的各组分具有不同的亲和力。当载气带着样品连续地通过色谱柱时，亲和力大的组分在色谱柱中移动速度慢，因为亲和力大意味着固定相拉住它的力量大。亲和力小的则移动快。图 8-5 示意了气相色谱法分离样品过程。

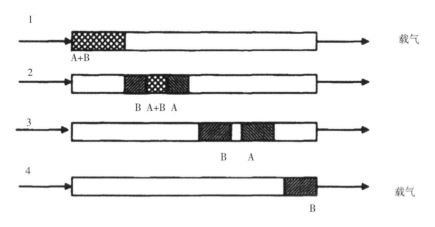

图 8-5　气相色谱法分离样品示意

（二）气相色谱柱分类

1. 按气相色谱柱粗细分类

可分为一般填充柱和毛细管柱两类，见图8-6。

填充色谱柱：多用内径4~6 mm的不锈钢管制成螺旋形柱管，常用柱长2~4 m。填充液体固定相（气–液色谱）或固体固定相（气–固色谱）。

毛细管色谱柱：柱管为毛细管，常用内径0.1~0.5 mm的玻璃或弹性石英毛细管，柱长几十米至百米。毛细管色谱柱按填充方式可分为开管毛细柱及填充毛细柱。

毛细管色谱柱　　　　　　　　　填充柱

图8-6　毛细管色谱柱和填充柱

2. 按分离机制分类

可分为分配柱和吸附柱等，它们的区别主要在于固定相。

分配柱：一般是将固定液（高沸点液体）涂渍在载体上，构成液体固定相，利用组分的分配系数差别而实现分离。将固定液的官能团通过化学键结合在载体表面，称为化学键合相（chemically bonded phase），不流失是其优点。

吸附柱：将吸附剂装入色谱柱而构成，利用组分的吸附系数的差别而实现分离。除吸附剂外，固体固定相还包括分子筛与高分子多孔小球等。

（三）气相色谱法色谱柱的选择

毛细管柱的参数有固定相类别、柱长、内径、膜厚。根据固定相种类可分为：非极性柱、弱极性柱、中极性柱、强极性柱、极性柱。

1. 柱长度的选择

分辨率与柱长的平方根成正比。在其他条件不变的情况下，为取得加倍的分辨率需有 4 倍的柱长。较短的柱子适于较简单的样品，尤其是在结构、极性和挥发性上相差较大的组分组成的样品。一般来说：15 m 的短柱用于快速分离较简单的样品，也适于扫描分析；30 m 的色谱柱是最常用的柱长，大多数分析在此长度的柱子上完成；50 m、60 m 或更长的色谱柱用于分离比较复杂的样品。柱长增加的同时分析时间也增加，所以选择柱长应该根据实际分析样品来定。

2. 柱内径的选择

柱内径直接影响柱子的效率、保留特性和样品容量。小口径柱比大口径柱有更高柱效，但柱容量更小。内径 0.25 mm 具有较高的柱效，柱容量较低，分离复杂样品较好；内径 0.32 mm 柱效稍低于 0.25 mm 的色谱柱，但柱容量约高 60%；内径 0.53 mm 具有类似于填充柱的柱容量，可用于分流进样，也可用于不分流进样，当柱容量是主要考虑因素时（如痕量分析），选择大口径毛细管柱较为合适。

3. 液膜厚度的选择

液膜厚度影响柱子的保留特性和柱容量。厚度增加，保留也增加。液膜厚度在 0.1~0.2 μm 的毛细管柱比厚液膜的毛细管柱洗脱组分快，所需柱温度低，且高温下柱流失较小，适用高沸点的化合物的分析。液膜厚度在 0.25~0.5 μm 是常用的液膜厚度，对分析低沸点的化合物较为有利。

4. 固定相的选择

不同的固定相对不同的分析物的影响不同，根据相似相溶原理，性质越相近，固定相对其的流动阻力越大，其保留时间越长．色谱柱就是通过这个原理将不同性质的混合物相互分开的。

（四）色谱柱的使用与保存

色谱柱使用时应注意说明书中标明的最低和最高温度，不能超过色谱柱的温度上限使用，否则会造成固定液流失，还可造成对检测器的污染。要设定最高允许使用温度，如遇人为或不明原因的突然升温，GC 会自动停止升温以保护色谱柱。氧气、无机酸碱和矿物酸都会对色谱柱固定液造成损伤，应杜绝这几类物质进入色谱柱；色谱柱拆下后通常将色谱柱的两端插在不用的进样垫上，如果只是暂时拆下数日则可放于干燥器中。

（五）色谱柱的安装

色谱柱的安装应按照说明书操作，切割时应用专用的陶瓷切片，切割面要平整。不同规格的毛细管柱选用不同大小的石墨垫圈，注意接进样口一端和接质谱一端所用的石墨垫圈是不同的，不要混用。进入进样口一端的毛细管长度要根据所使用的衬管而定，仪器公司提供了专门的比对工具，同样，进入质谱一端的毛细管长度也需要用仪器公司提供的专门工具比对。柱接头螺帽不要上得太紧，太紧了压碎石墨圈反而容易造成漏气，一般用手拧紧后再用扳手紧四分之一圈即可。接质谱前先开机让柱末端插入盛有有机溶剂的小烧杯，看是否有气泡溢出且流速与设定值相当。严禁无载气通过时高温烘烤色谱柱，以免造成固定液被氧化流失而损坏色谱柱。

六、气相色谱温控系统

在气相色谱测定中，温度控制是重要的指标，直接影响柱的分离效能、检测器的灵敏度和稳定性。温度控制系统主要指对气化室、色谱柱、检测器三处的温度控制。在气化室要保证液体试样瞬间气化；在色谱柱室要准确控制分离需要的温度，当试样复杂时，分离室温度需要按一定程序控制温度变化，各组分在最佳温度下分离；在检测器要使被分离后的组分通过时不在此冷凝。

（一）控温方式

1. 恒温

对于沸程不太宽的简单样品，可采用恒温模式。一般的气体分析和简单液体样品分析都采用恒温模式。

2. 程序升温

所谓程序升温，是指在一个分析周期里色谱柱的温度随时间由低温到高温呈线性或非线性变化，使沸点不同的组分，各在其最佳柱温下流出，从而改善分离效果，缩短分析时间。对于沸程较宽的复杂样品，如果在恒温下分离很难达到好的分离效果，应使用程序升温方法。

（二）柱箱温度控制

为了适应在不同温度下使用色谱柱的要求，通常把色谱柱放在一个恒温箱中，以提供可以改变的、均匀的恒定温度。

（三）检测器和气化室温度控制

在现代气相色谱仪中，检测器和气化室也有自己独立的恒温调节装置，其温度控制及测量和色谱柱恒温箱类似。

七、气相色谱检测系统

检测器是将经色谱柱分离出的各组分的浓度或质量（含量）转变成易被测量的电信号（如电压、电流等），并进行信号处理的一种装置，是色谱仪的眼睛。通常由检测元件、放大器、数模转换器3部分组成。被色谱柱分离后的组分依次进检测器，按其浓度或质量随时间的变化，转化成相应电信号，经放大后记录和显示，绘出色谱图。检测器性能的好坏将直接影响到色谱仪器最终分析结果的准确性。

（一）检测系统类型

1. 根据检测原理的不同进行分类

根据检测原理不同气相色谱检测器又可分为浓度型检测器和质量型检测器。浓度型检测器测量的是载气中某组分浓度瞬间的变化，即检测器的响应值和组分的浓度成正比。如热导检测器和电子捕获检测器。质量型检测器测量的是载气中某组分单位时间内进入检测器的含量变化，即检测器的响应值和单位时间内进入检测器某组分的含量成正比。如火焰离子化检测器和火焰光度检测器等。凡非破坏性检测器，均为浓度性检测器。

2. 根据信号记录方式不同进行分类

根据检测器信号记录方式不同，气相色谱检测器又可分为微分型检测器和积分型检测器，流行的检测器大多都是微分型检测器。

3. 根据样品是否被破坏进行分类

根据样品是否被破坏，气相色谱检测器又可分为破坏性检测器和非破坏性检测器。破坏性检测器有：FID（氢火焰离子化检测器）、NPD（氮磷检测器）、FPD（火焰光度检测器）等；非破坏性检测器有：TCD（热导池检测器）、PID（光离子化检测器）、ECD（电子捕获检测器）、IRD（红外线检测器）等。

4. 根据对被检测物质响应情况的不同进行分类

根据对被检测物质响应情况，气相色谱检测器又可分为通用型检测器和选择性检测器。常见的通用型检测器有：TCD（热导池检测器）、FID（氢火焰离子化检测器）、PID（光离子化检测器）。热导池检测器是使用最多的一种通用型浓度检测器，它具有结构简单、稳定、应用范围广，不破坏样品组分等优点，热导池检测器是根据各种物质均具有不同的热传导系数，当载气中混入其他气态物质时，热导率发生变化的原理制成的；氢火焰离子化检测器是典型破坏性的质量型检测器，它具有灵敏度高，线性范围宽，响应快等特点；光离子化检测器具有良好的性能，和常用的气相色谱检测器相比有灵敏度高，可分析的物质范围广泛，可通过改变光源辐射光谱判断同分异构体，线性范围宽等优点。常见的选择性检测器有：FPD（火焰光度检测器）、ECD（电子捕获检测器）、NPD（氮磷检测器）。火焰光度检测器是一种对硫磷化合物有高选择性和高灵敏度的检测器，是气相色谱的主要检测器之一，主要应用于有机磷农药残留测定和大气中痕量硫化物的测定；电子捕获检测器是使用最多的一种放射性离子化检测器，它对电负性物质有极高的灵敏度，对非电负性的物质则没有响应；氮磷检测器是碱盐离子化检测器之一，是由氢火焰离子化检测器发展而来，这种检测器只对含磷和氮化合物有很高的选择性和灵敏度，主要用于食品、药品、农药残留以及亚硝胺类等物质的分析。有一些气相色谱仪与质谱仪相连接而以质谱仪作为它的检测器，这种组合的仪器称为气相色谱-质谱联用（GC-MS，简称气质联用），有一些气质联用仪还与核磁共振波谱仪相连接，后者作为辅助的检测器，这种仪器称为气相色谱-质谱-核磁共振联用（GC-MS-NMR）。有一些 GC-MS-NMR 仪器还与红外光谱仪相连接，后者作为辅助的检测器，这种组合叫作气相色谱-质谱-核磁共振-红外联用（GC-MS-NMR-IR）。大部分的分析物用单纯的气质联用仪就可以解决问题。

（二）常见检测器

目前，可以用于气相色谱仪的检测器已有 20 多种，其中常用的包括热导检测器（TCD）、氢火焰离子化检测器（FID）、氮磷检测器（NPD）、电子捕获检测器（ECD）、火焰光度检测器（FPD）、光离子化检测器（PID）等。不同检测器的原理、结构均不相同，对不同的检测对象，响应也各不相同。

1. 热导检测器（thermal conductivity detector，TCD）

热导检测器是一种通用的非破坏性浓度型检测器，理论上可应用于任何组分的检测，但因其灵敏度较低，故一般用于常量分析。TCD 的结构示意图见图 8-7，其主要原理为基于不同组分与载气有不同的热导率的原理而工作。热导检测器的热敏元件为热丝，如镀金钨丝、铂金丝等。当被测组分与载气一起进入热导池时，由于混合气的热导率与纯载气不同（通常是低于载气的热导率），热丝传向池壁的热量也发生变化，致使热丝温度发生改变，其电阻也随之改变，进而使电桥输出端产生不平衡电位而作为信号输出，记录该信号从而得到色谱峰。热导检测器（TCD）用于常量、半微量分析，有机、无机物均有响应。

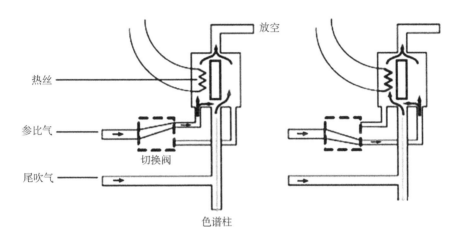

图 8-7　TCD 结构示意

2. 氢火焰离子化检测器（flame ionization detector，FID）

FID 是多用途的破坏性质量型通用检测器，灵敏度高，线性范围宽，广泛应用于有机物的常量和微量检测。FID 的结构示意图见图 8-8，其主要原理为氢气和空气燃烧生成火焰，当有机化合物进入火焰时，由于离子化反应，生成比基流高几个数量级的离子，在电场作用下，这些带正电荷的离子和电子分别向负极和正极移动，形成离子流，此离子流经放大器放大后，可被检测。氢火焰离子化检测器（FID）用于微量有机物分析。

3. 火焰光度检测器（flame-photometric detector，FPD）

FPD 为质量型选择性检测器，主要用于测定含硫、磷化合物。使用中通入的氢气量必须多于通常燃烧所需的氢气量，即在富氢情况下燃烧得到火焰。广泛应用于石油产品中微量硫化合物及农药中有机磷化合物的分析。FPD 的结构示意图见图 8-9，其主要原理为组分在富氢火焰中燃烧时组分不同程度地变为碎片或分子，其外层电子由于互相碰撞而被激发，当电子由激发态返回低能态或基态时，发射出特征波长的光谱，这种特征光谱通过经选择滤光片后

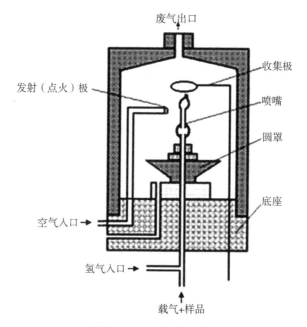

图 8-8　FID 结构示意

被测量。如硫在火焰中产生 350~430 nm 的光谱，磷产生 480~600 nm 的光谱，其中 394 nm 和 526 nm 分别为含硫和含磷化合物的特征波长。火焰光度检测器（FPD）用于有机磷农药残留量测定、大气中痕量硫化物的微量分析。

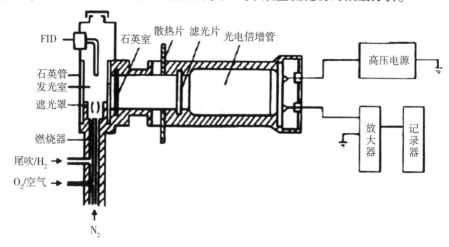

图 8-9　FPD 结构示意

4. 电子捕获检测器（electron capture detector，ECD）

ECD 是浓度型选择性检测器，对电负性的组分能给出极显著的响应信号。用于分析卤素化合物、一些金属螯合物和甾族化合物。ECD 的结构示意图见图 8-10，其主要原理为检测室内的放射源放出 β-射线（初级电子），与通过检测室的载气碰撞产生次级电子和正离子，在电场作用下，分别向与自己极性相反的电极运动，形成基流，当具有负电性的组分（即能捕获电子的组分）进入检测室后，捕获了检测室内的电子，变成带负电荷的离子，由于电子被组分捕获，使得检测室基流减少，产生色谱峰信号。电子捕获检测器（ECD）用于有机氯农药残留分析。

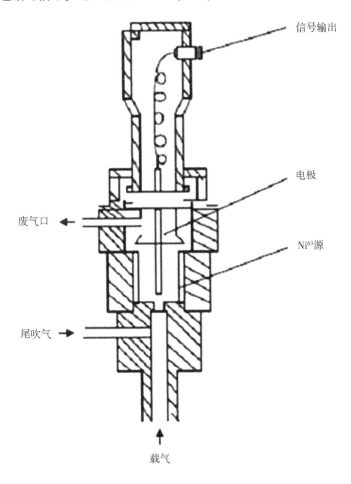

信号输出

电极

Ni^{63}源

废气口

尾吹气

载气

图 8-10　ECD 结构示意

5. 氮磷检测器（nitrogen-phosphorus detector，NPD）

NPD 是高选择性质量型检测器，可用于测定含氮和含磷的有机化合物。目前认为其响应机理主要有气相电离理论和表面电离理论，通常认为前者能更好的解释 NPD 工作原理。气相电离理论认为氮、磷化合物先在气相边界层中热化学分解，产生电负性的基团。该电负性基团再与气相的铷原子（Rb）进行化学电离反应，生成 Rb+ 和负离子，负离子在收集极释放出一个电子，并与氢原子反应，同时输出组分信号。NPD 的结构与操作因产品型号而异，典型结构如图 8-11 所示。NPD 与 FID 的差异只是前者在喷口与收集极间加一个碱源铷珠。铷珠 1~5 mm³，可取出更换或清洗。氮磷检测器（NPD）这种检测器只对含磷和氮化合物有很高的选择性和灵敏度，用于有机磷、含氮化合物的微量分析，主要用于食品、药品、农药残留以及亚硝胺类等物质的分析。

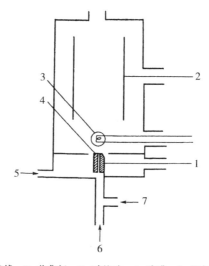

1. 喷口接线；2. 收集极；3. 碱盐珠；4. 喷嘴；5. 空气入口；
6. 载气入口；7. 氢气入口

图 8-11 NPD 结构示意

（三）性能指标

气相色谱检测器的主要性能指标如下。

1. 灵敏度

灵敏度是单位样品量（或浓度）通过检测器时所产生的相应（信号）值

的大小，灵敏度高意味着对同样的样品量其检测器输出的响应值高，同一个检测器对不同组分，灵敏度是不同的，浓度型检测器与质量型检测器灵敏度的表示方法与计算方法亦各不相同。

2. 检出限

检出限为检测器的最小检测量，最小检测量是要使待测组分所产生的信号恰好能在色谱图上与噪声鉴别开来时，所需引入到色谱柱的最小物质量或最小浓度。因此，最小检测量与检测器的性能、柱效率和操作条件有关。如果峰形窄，样品浓度越集中，最小检测量就越小。

3. 线性范围

定量分析时要求检测器的输出信号与进样量之间呈线性关系，检测器的线性范围为在检测器呈线性时最大和最小进样量之比，或称最大允许进样量（浓度）与最小检测量（浓度）之比。比值越大，表示线性范围越宽，越有利于准确定量。不同类型检测器的线性范围差别也很大。如氢焰检测器的线性范围可达 107，热导检测器则在 104 左右。由于线性范围很宽，在绘制检测器线性范围图时一般采用双对数坐标纸。

4. 噪声和漂移

噪声就是零电位（又称基流）的波动，反映在色谱图上就是由于各种原因引起的基线波动，称基线噪声。噪声分为短期噪声和长期噪声两类，有时候短期噪声会重叠在长期噪声上。仪器的温度波动，电源电压波动，载气流速的变化等，都可能产生噪声。基线随时间单方向的缓慢变化，称基线漂移。

5. 响应时间

检测器的响应时间是指进入检测器的一个给定组分的输出信号达到其真值的 90%时所需的时间。检测器的响应时间如果不够快，则色谱峰会失真，影响定量分析的准确性。但是，绝大多数检测器的响应时间不是一个限制因素，而系统的响应，特别是记录仪的局限性却是限制因素。

八、气相色谱记录系统

记录系统是记录检测器的检测信号，进行定量数据处理。一般采用自动平衡式电子电位差计进行记录，绘制出色谱图。一些色谱仪配备有积分仪，可测量色谱峰的面积，直接提供定量分析的准确数据。先进的气相色谱仪还配有电子计算机，能自动对色谱分析数据进行处理。

（一）电子电位差计

最简单的数据处理装置是记录仪。常用的记录仪是电子电位差计，它是一种记录直流电信号的记录仪。

（二）积分仪

目前，使用较为普遍的数据处理装置是电子积分仪。它实质上是一个积分放大器，是利用电容的充放电性能，将一个峰信号（微分信号）变成一个积分信号，这样就可以直接测量出峰面积，最后打印出色谱峰的保留时间，峰面积和峰高等数据。

（三）色谱数据处理机

色谱分析处理机的发展大大减轻了色谱工作者的劳动，同时使色谱定性、定量分析的结果更加准确、可靠。

九、气相色谱仪日常维护

为保证气相色谱仪能够正常运行，确保分析数据的准确性、及时性，需要对气相色谱仪进行定期维护。

气源检查：检查发生器或者气体钢瓶是否处于正常状态；检查脱水过滤器、活性炭以及脱氧过滤器，定期更换其中的填料。

管线泄漏检查：定期检查管线是否泄漏，可使用肥皂沫滴到接口处检查。

气化室的维护：气化室包括进样室螺帽、隔垫吹扫出口、载气入口、分流气出口、进样衬管。进样衬管必须定期进行清洗，先用洗液清洗，然后用丙酮溶液浸泡，再用电吹风吹干备用，及时添加石英棉；若有损坏或者很脏应及时更换。

进样室螺帽、隔垫吹扫出口、载气入口及分流气出口4个部件需按厂家要求定期清洗。把这几个部件从气化室上拆卸下来，放在盛有丙酮溶液的烧杯中浸泡并超声2 h，晾干后使用；若有损坏应及时更换。

色谱柱：色谱柱需要定期进行老化或者截取，如果只老化色谱柱，需要断开和检测器接口。

检测器的维护：检测器的收集器、检测器接收塔、火焰喷嘴、检测器基部、色谱柱螺帽等处，须用丙酮溶液清洗，一般超声2 h，至清洗干净，清洗后用电吹风吹干备用。

柱温箱的维护：柱温箱的外壳、容积区间，可用脱脂棉蘸乙醇擦洗。

维护周期：气相色谱仪维护周期一般定为 3 个月。实际工作中可根据仪器工作量和运转情况适当延长或缩短维护周期。

十、气相色谱仪仪器保养

仪器内部的吹扫、清洁应在气相色谱仪停机后，打开仪器的侧面和后面面板，用仪表空气或氮气对仪器内部灰尘进行吹扫，对积尘较多或不容易吹扫的地方用软毛刷配合处理。吹扫完成后，对仪器内部存在有机物污染的地方用水或有机溶剂进行擦洗，对水溶性有机物可以先用水进行擦拭，对不能彻底清洁的地方可以再用有机溶剂进行处理，对非水溶性或可能与水发生化学反应的有机物用不与之发生反应的有机溶剂进行清洁，如甲苯、丙酮、四氯化碳等。注意，在擦拭仪器过程中不能对仪器表面或其他部件造成腐蚀或二次污染。

（一）电路板的维护和清洁

气相色谱仪准备检修前，切断仪器电源，首先用仪表空气或氮气对电路板和电路板插槽进行吹扫，吹扫时用软毛刷配合对电路板和插槽中灰尘较多的部分进行仔细清理。操作过程中尽量戴手套操作，防止静电或手上的汗渍等对电路板上的部分元件造成影响。吹扫工作完成后，应仔细观察电路板的使用情况，看印刷电路板或电子元件是否有明显被腐蚀现象。对电路板上沾染有机物的电子元件和印刷电路用脱脂棉蘸取酒精小心擦拭，电路板接口和插槽部分也要进行擦拭。

（二）玻璃衬管和分流平板的清洗

从仪器中小心取出玻璃衬管，用镊子或其他小工具小心移去衬管内的玻璃毛和其他杂质，移取过程不要划伤衬管表面。如果条件允许，可将初步清理过的玻璃衬管在有机溶剂中用超声波进行清洗，烘干后使用。也可以用丙酮、甲苯等有机溶剂直接清洗，清洗完成后经过干燥即可使用。

分流平板最为理想的清洗方法是在溶剂中超声处理，烘干后使用。也可以选择合适的有机溶剂清洗，从进样口取出分流平板后，首先采用甲苯等惰性溶剂清洗，再用甲醇等醇类溶剂进行清洗，最后进行烘干后使用。

（三）分流管线的清洗

气相色谱仪用于有机物和高分子化合物的分析时，许多有机物的凝固点较低，样品从气化室经过分流管线放空的过程中，部分有机物在分流管线凝固。气相色谱仪经过长时间的使用后，分流管线的内径逐渐变小，甚至完全被堵塞。分流管线被堵塞后，仪器进样口显示压力异常，峰形变差，分析结果异常。在检修过程中，无论事先能否判断分流管线有无堵塞现象，都需要对分流管线进行清洗。分流管线的清洗一般选择丙酮、甲苯等有机溶剂，对堵塞严重的分流管线有时用单纯清洗的方法很难清洗干净，需要采取一些其他辅助的机械方法来完成。可以选取粗细合适的钢丝对分流管线进行简单的疏通，然后再用丙酮、甲苯等有机溶剂进行清洗。由于事先不容易对分流部分的情况作出准确判断，对手动分流的气相色谱仪来说，在检修过程中对分流管线进行清洗是十分必要的。

（四）进样口的清洗

对于 EPC 控制分流的气相色谱仪，由于长时间使用，有可能使一些细小的进样垫屑进入 EPC 与气体管线接口处，随时可能对 EPC 部分造成堵塞或造成进样口压力变化。所以每次检修过程尽量对仪器 EPC 部分进行检查，并用甲苯、丙酮等有机溶剂进行清洗，然后烘干处理。进样口的清洗在检修时，对气相色谱仪进样口的玻璃衬管、分流平板，进样口的分流管线，EPC 等部件分别进行清洗是十分必要的。由于进样等原因，进样口的外部随时可能会形成部分有机物凝结，可用脱脂棉蘸取丙酮、甲苯等有机物对进样口进行初步的擦拭，然后对擦不掉的有机物先用机械方法去除，注意在去除凝固有机物的过程中一定要小心操作，不要对仪器部件造成损伤。将凝固的有机物去除后，然后用有机溶剂对仪器部件进行仔细擦拭。

（五）TCD 和 FID 检测器的清洗

TCD 检测器在使用过程中可能会被柱流出的沉积物或样品中夹带的其他物质所污染。TCD 检测器一旦被污染，仪器的基线出现抖动、噪声增加。有必要对检测器进行清洗。具体方法如下：关闭检测器，把柱子从检测器接头上拆下，把柱箱内检测器的接头堵死，将参考气的流量设置到 20 ~ 30 mL/min，设置检测器温度为 400 ℃，热清洗 4~8 h，降温后即可使用。对于严重污染，可将出气口堵死，从进气口注满丙酮（或甲苯，可根据样品的化学性质选用不同的溶剂），保持 8 h 左右，排出废液，然后按上述方法处理。

FID 检测器在使用中稳定性好，对使用要求相对较低，使用普遍，但在长时间使用过程中，容易出现检测器喷嘴和收集极积炭等问题，或有机物在喷嘴或收集极处沉积等情况。对 FID 积炭或有机物沉积等问题，可以先对检测器喷嘴和收集极用丙酮、甲苯、甲醇等有机溶剂进行清洗。当积炭较厚不能清洗干净的时候，可以对检测器积炭较厚的部分用细砂纸小心打磨。注意在打磨过程中不要对检测器造成损伤。初步打磨完成后，对污染部分进一步用软布进行擦拭，再用有机溶剂最后进行清洗，一般即可消除。

耗材检修参考周期参照表 8-1。

表 8-1　耗材更换周期参照

安全检修项目	更换周期	处理备注
进样隔垫	100 次	使用 AOC 用注射器时，建议分析次数达到 100 次时更换
玻璃衬管	100 次	若石英棉位置没有问题，衬管和石英棉没有污染，可以重复使用
衬管 O 型圈	100 次	更换玻璃衬管时更换
注射器	500 次	清洗后，确认针杆运行顺畅，样品从针尖直线喷出
分子筛和捕集管	6 个月	每月检查一次，每半年更换
色谱柱	按需	新柱子需进行老化，用过一段时间后怀疑污染也需老化
石墨压环	按需	安装色谱柱时确认，若夹环和边环没有间隙，则更换
FPD 干扰滤光片	按需	每半年进行一次检查，若有污染，则清洗或更换
FPD 光电倍增管	2 年	每两年更换一次
气体过滤器	1 年	每年更换一次，若发现变色指示剂已变色则更换

十一、气相色谱仪常见故障

（一）进样后不出色谱峰的故障

气相色谱仪在进样后检测信号没有变化，仪器不出峰，输出为直线。遇到这种情况，应按从样品进样针、进样口到检测器的顺序逐一检查。首先检查注射器是否堵塞，如果没有问题，再检查进样口和检测器的石墨垫圈是否紧固、不漏气，然后检查色谱柱是否有断裂漏气情况，最后观察检测器出口是否畅通。由于 ECD 的排放物有一定的放射性，所以 ECD 出口是引到室外的。冬天 ECD 排出口冻住后会造成出口堵塞，柱头压居高不下，气体在气路中无法流动，也就无法载样品到检测器，所以不出峰。

（二）基线问题

气相色谱基线波动、飘移都是基线问题，基线问题可使测量误差增大，有时甚至会导致仪器无法正常使用。遇到基线问题时应先检查仪器条件是否有改变，近期是否新换气瓶及设备配件。如果有更换或条件有改变，则要先检查基线问题是不是由这些改变造成的，一般来说，这种变化往往是产生基线问题的原因。新载气纯度不够，会使基线逐渐上升（由于载气净化管的原因，基线不是马上变化的），并伴有基线强烈抖动，所有峰都湮没在噪声中，无法检测。这种情况只要重新更换载气会立即恢复正常。当排除了以上可能造成基线问题的原因后，则应当检查进样垫是否老化（应养成定期更换进样垫的好习惯）。石英棉是不是该更换了；衬管是否清洁。清洗衬管时应先用试验最后定容的溶剂充分浸泡，再用超声波清洗几分钟，然后放入高温炉中加热到比工作温度略高的温度，最后再重新安装。此外，检测器污染也可能造成基线问题，其可以通过清洗或热清洗的方法来解决。

（三）峰丢失故障

造成峰丢失的原因有两种：一是气路中有污染，二是峰没有分开。

第一种情况可通过多次空运行和清洗气路（进样口、检测器等）来解决。为了减少对气路的污染，可采用以下的措施：程序升温的最后阶段应有一个高温清洗过程；注入进样口的样品应当清洁；减少高沸点的油类物质的使用；使用尽量高的进样口温度、柱温和检测器温度。

第二种情况是峰没有分开，除了以上原因外，其也有可能是因系统污染引起柱效下降造成的，或者是由于柱子老化导致的，但柱子老化所造成的峰丢失是渐进的、缓慢的。假峰一般是由于系统污染和漏气造成的，其解决方法也是通过检查漏气和去除污染来解决。在平时的工作中应当记录正常时基线的情况，以便在维护时做参考。

十二、气相色谱-质谱联用分析技术在农药残留分析中的应用

（一）气质联用仪

气质联用仪是指将气相色谱仪和质谱仪联合起来使用的仪器。质谱法可以进行有效的定性分析，但对复杂有机化合物的分析就显得无能为力；而色谱法对有机化合物是一种有效的分离分析方法，特别适合于进行有机化合物的定量分析，但定性分析则比较困难。因此，这两者的有效结合必将为化学家及生物化学家提供一个进行复杂有机化合物高效的定性、定量分析工具。像这种将两种或两种以上方法结合起来的技术称为联用技术。气质联用仪被广泛应用于复杂组分的分离与鉴定，其具有气相色谱的高分辨率和质谱的高灵敏度，是生物样品中药物与代谢物定性定量的有效工具。

（二）气质联用技术工作原理

混合物样品经色谱柱分离后进入质谱仪离子源，在离子源被电离成离子，离子经质量分析器、检测器之后即成为质谱信号并输入计算机。样品由色谱柱不断地流入离子源，离子由离子源不断进入分析器并不断得到质谱，只要设定好分析器扫描的质量范围和扫描时间，计算机就可以采集到一个个质谱。计算机可以自动将每个质谱的所有离子强度相加，显示出总离子强度，总离子强度随时间变化的曲线就是总离子色谱图，总离子色谱图的形状和普通的色谱图是相一致的，可以认为是用质谱作为检测器得到的色谱图。

质谱仪扫描方式有两种：全扫描和选择离子扫描。全扫描是对指定质量范围内的离子全部扫描并记录，得到的是正常的质谱图，这种质谱图可以提供未知物的分子量和结构信息。可以进行库检索。质谱仪还有另外一种扫描方式叫选择离子监测（Select Ion Moniring，SIM）。这种扫描方式是只对选定的离子进行检测，而其他离子不被记录。它的最大优点是对离子进行选择性检测，只记录特征的、感兴趣的离子，不相关的、干扰离子统统被排除；使选定离子的检测灵敏度大大提高，采用选择离子扫描方式比正常扫描方式灵敏度可提高大约100倍。由于选择离子扫描只能检测有限的几个离子，不能得到完整的质谱图，因此不能用来进行未知物定性分析。但是如果选定的离子有很好的特征性，也可以用来表示某种化合物的存在。选择离子扫描方式最主要的用途是定量分析，由于它的选择性好，可以把由全扫描方式得到的非常复杂的总离子色谱图变得十分简单，消除了其他组分造成的干扰。在一般色谱分析中主峰对被

测组分的影响很大，为了降低主峰的影响，通常采用预切割技术使得仪器的气路比较复杂，操作比较麻烦。而质谱的优点就是通过离子选择性技术很方便地避开了主体组分的影响。

（三）气相色谱-质谱联用仪器配置

气相色谱-质谱联用仪基本结构见图 8-12，主要包括气相色谱仪、接口（连接 GC 和 MS 的连接装置）、质谱仪和计算机。气相色谱仪作用是把样品中的各个组分分离，接口是组分的传输器并保证 GC 和 MS 两边气压的匹配，质谱仪是组分的检测器，计算机是整机的控制器、数据处理器以及分析结果输出器。

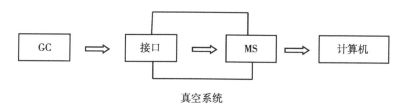

图 8-12　GC-MS 基本结构

（四）气相色谱-质谱联用分析技术在农药残留分析中的应用

气质联用仪是由气相色谱和质谱仪组成的，所以气质联用仪不仅具有气相色谱仪对食品中的各组分高效分离的特性，还具有质谱仪灵敏度高、定性能力强的特点。样品中各组分经气相色谱仪分离后进入质谱仪，质谱仪可以确定各化合物的分子量和官能团，再由计算机检索标准谱库从而可以定性未知化合物。质谱有两种模式：一是全扫描（SCAN）模式；二是选择离子监测（SIM）模式。SIM 模式可以显著提高色谱峰和分析响应值之间的分离度，避免其他化合物的干扰，提高了分析的灵敏度和准确度。随着人们对食品中农药残留认识的加深，仪器和处理方法的不断发展，目前已经实现了时间上的多级串联质谱，比四极杆质谱仪的灵敏度提高 10~1 000 倍。GC-MS 是近几年发展起来的联用技术，它结合了气相色谱、高速信号采集和飞行时间质谱技术，具备简单、快速、准确等优点。质谱图为带正电荷的离子碎片质荷比与其相对强度之间关系的棒图，图 8-13 是 CCL_4 质谱图。质谱图中最强峰称为基峰，其强度规定为 100%，其他峰以此峰为准，来确定农药相对强度。

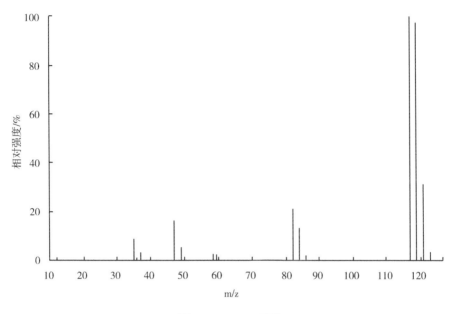

图 8-13　CCL$_4$质谱

第四节　液相色谱法和液质联用

一、液相色谱法及工作原理

液相色谱法就是用液体作为流动相的色谱法。1906 年俄国植物学家茨维特（M. S. Tswett）将植物色素提取液加到装有碳酸钙微粒的玻璃柱子上部，继而以石油醚淋洗柱子，结果使不同的色素在柱中得到分离而形成不同颜色的谱带，每个色带代表不同的色素。从此，这类方法均称为色谱法。随着色谱技术的发展，色谱法不仅可以用于分离有色物质，而且广泛地运用于分离无色物质，尤其是有机化合物。

液相色谱法系统由储液器、泵、进样器、色谱柱、检测器、记录仪 6 部分组成，见图 8-14。储液器中的流动相被高压泵打入系统，样品溶液经进样器进入流动相，被流动相载入色谱柱（固定相）内，由于样品溶液中的各组分在两相中具有不同的分配系数，在两相中做相对运动时，经过反复多次的吸附–解吸的分配过程，各组分在移动速度上产生较大的差别，被分离成单个组分依次从柱内流出，通过检测器时，样品浓度被转换成电信号传送到记录仪，数据以图谱形式打印出来。

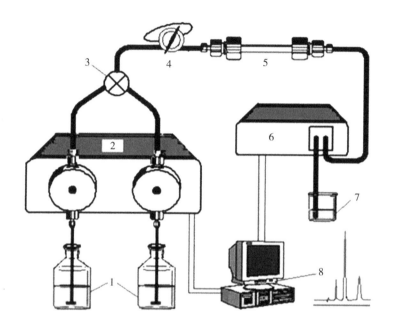

1. 储液瓶；2. 高压输液泵；3. 混合器和阻尼器；4. 进样器（阀）；
5. 色谱柱；6. 检测器；7. 废液瓶；8. 数据处理和控制系统

图 8-14　液相色谱系统构成

二、液相色谱仪基本构造

高效液相色谱仪主要有进样系统、输液系统、分离系统、检测系统和数据处理系统，如图 8-15 所示。

（一）进样系统

一般采用隔膜注射进样器或高压进样间完成进样操作，进样量是恒定的。这对提高分析样品的重复性是有益的。进样系统包括进样口、注射器和进样阀等，它的作用是把分析试样有效地送入色谱柱上进行分离。通常使用耐高压的六通阀进样装置，其结构如图 8-16 所示。

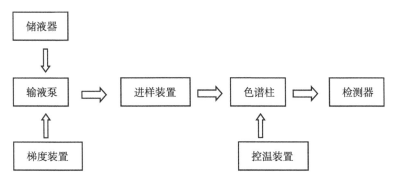

图 8-15　HPLC 仪器结构示意

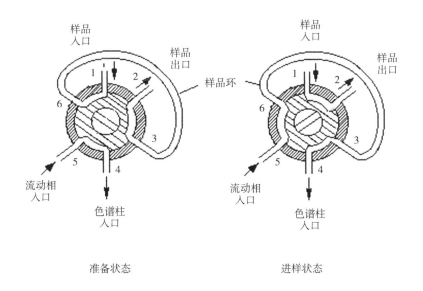

图 8-16　HPLC 进样装置

（二）输液系统

该系统包括高压泵、流动相储存器和梯度仪 3 部分。高压泵的一般压强为 $1.47 \times 10^7 \sim 4.4 \times 10^7 \text{Pa}$，流速可调且稳定，当高压流动相通过层析柱时，可降低样品在柱中的扩散效应，可加快其在柱中的移动速度，这对提高分辨率、回收样品、保持样品的生物活性等都是有利的。流动相储存器和梯度仪，可使流动相随固定相和样品的性质而改变，包括改变洗脱液的极性、离子强度、pH

值，或改用竞争性抑制剂或变性剂等。这就可使各种物质（即使仅有一个基团的差别或是同分异构体）都能获得有效分离（图8-17）。

四元泵的液路

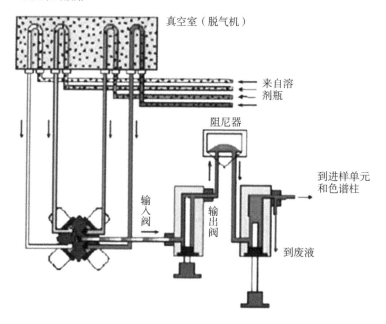

图 8-17　HPLC 输液示意

（三）分离系统

该系统包括色谱柱、连接管和恒温器等。色谱柱一般长度为 10~50 cm（需要两根连用时，可在二者之间加一连接管），内径为 2~5 mm，由"优质不锈钢或厚壁玻璃管或钛合金"等材料制成，柱内装有直径为 5~10 μm 粒度的固定相（由基质和固定液构成），固定相中的基质是由机械强度高的树脂或硅胶构成，它们都有惰性（如硅胶表面的硅酸基因基本已除去）、多孔性和比表面积大的特点，加之其表面经过机械涂渍（与气相色谱中固定相的制备一样），或者用化学法偶联各种基因（如磷酸基、季胺基、羟甲基、苯基、氨基或各种长度碳链的烷基等）或配体的有机化合物。因此，这类固定相对结构不同的物质有良好的选择性。例如，在多孔性硅胶表面偶联豌豆凝集素（PSA）后，就可以把成纤维细胞中的一种糖蛋白分离出来。高效液相色谱仪常用的色谱柱见图8-18。

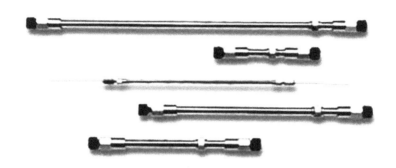

图 8-18　HPLC 常见色谱柱

固定相基质粒小，柱床极易达到均匀、致密状态，极易降低涡流扩散效应。基质粒度小，微孔浅，样品在微孔区内传质短。这些对缩小谱带宽度、提高分辨率是有益的。根据柱效理论分析，基质粒度小，塔板理论数 N 就越大。这也进一步证明基质粒度小，会提高分辨率的道理。

高效液相色谱的恒温器可使温度从室温调到 60 ℃，通过改善传质速度，缩短分析时间，就可增加层析柱的效率。

（四）检测系统

检测器是液相色谱仪的关键部件之一。对检测器的要求是：灵敏度高，重复性好、线性范围宽、死体积小以及对温度和流量的变化不敏感等。在液相色谱中，有两种类型的检测器：一类是溶质性检测器，它仅对被分离组分的物理或物理化学特性有响应。属于此类检测器的有紫外、荧光、电化学检测器等；另一类是总体检测器，它对试样和洗脱液总的物理和化学性质响应。属于此类检测器有示差折光检测器等。最常用的是紫外光度检测器、荧光检测器、示差折光检测器和电导检测器。图 8-19 是紫外光度检测器工作原理。

三、液相色谱仪的使用

（一）高效液相色谱仪操作步骤

第一，开机操作，打开电源；自上而下打开各组件电源，打开工作站；打开冲洗泵头的 10% 异丙醇溶液的开关（需用针桶抽），控制流量大小，以能流

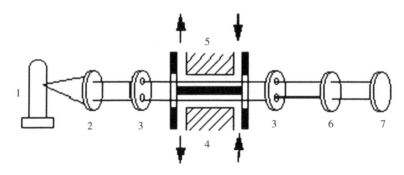

1. 低压汞灯；2. 透镜；3. 遮光板；4. 测量池；5. 参比池；6. 紫外滤光片；
7. 双紫外光敏电阻

图 8-19　紫外光度检测器工作原理

出的最小流量为准；注意各流动相所剩溶液的容积设定，若设定的容积低于最低限会自动停泵，注意洗泵溶液的体积，及时加液；使用过程中要经常观察仪器工作状态，及时正确处理各种突发事件。

第二，先以所用流动相冲洗系统一定时间（如所用流动相为含盐流动相，必须先用水冲洗 20 min 以上再换上含盐流动相），正式进样分析前 30 min 左右开启 D 灯或 W 灯，以延长灯的使用寿命。

第三，建立色谱操作方法，注意保存为自己命名的方法，勿覆盖或删除他人的方法及实验结果。

第四，溶剂瓶中的过滤头容易破碎，在更换流动相时注意保护，当发现过滤头变脏或长菌时，不可用超声洗涤，可用 5% 稀硝酸溶液浸泡后再洗涤。

第五，实验结束后，一般先用水或低浓度甲醇水溶液冲洗整个管路 30 min 以上，再用甲醇冲洗。冲洗过程中关闭 D 灯、W 灯。

第六，关机时，先关闭泵、检测器等，再关闭工作站，然后关机，最后自下而上关闭色谱仪各组件，关闭洗泵溶液的开关。

第七，使用者须认真履行仪器使用登记制度，不要擅自拆卸仪器。

(二) 使用注意事项

1. 流动相

流动相应选用色谱纯试剂、高纯水或双蒸水，酸碱液及缓冲液需经过滤后使用，过滤时注意区分水系膜和油系膜的使用范围；水相流动相需经常更换（一般不超过 2 d），防止长菌变质；使用双泵时，A、B、C、D 四相中，若所用流动相中有含盐流动相，则 A、D（进液口位于混合器下方）放置含盐流动相，B、C（进液口位于混合器上方）放置不含盐流动相；A、B、C、D 4 个储液器中其中一个为棕色瓶，用于存放水相流动相。

2. 样品

采用过滤或离心方法处理样品，确保样品中不含固体颗粒；用流动相或比流动相弱（若为反相柱，则极性比流动相大；若为正相柱，则极性比流动相小）的溶剂制备样品溶液，尽量用流动相制备样品液；手动进样时，进样量尽量小，使用定量管定量时，进样体积应为定量管的 3~5 倍。

3. 色谱柱

使用前仔细阅读色谱柱附带的说明书，注意适用范围，如 pH 值范围、流动相类型等；使用符合要求的流动相；使用保护柱；如所用流动相为含盐流动相，反相色谱柱使用后，先用水或低浓度甲醇水（如 5%甲醇水溶液），再用甲醇冲洗；色谱柱在不使用时，应用甲醇冲洗，取下后紧密封闭两端保存；不要高压冲洗柱子；不要在高温下长时间使用硅胶键合相色谱柱。

（三）高效液相色谱仪的特点

高压：压力可达 150~300 kg/cm^2。色谱柱每米降压为 75 kg/cm^{2}以上。

高速：流速为 0.1~10.0 mL/min。

高效：塔板数可达 5 000/m。在一根柱中同时分离成分可达 100 种。

高灵敏：紫外检测器灵敏度可达 0.01 ng。同时消耗样品少。

四、液相色谱仪保养和维护

（一）流动相溶剂瓶的保养

1. 水相溶液

对于水相溶液来说，首要的问题是防止污染。虽然液相用的水大都经过杀菌处理，但是细菌的生命力很顽强，在适当的温度和光照情况下，它们就会活跃起来，如果在流动相里加入磷酸盐一类的添加剂，它们更是如虎添翼。所以，对于溶剂瓶我们要做的非常重要的工作就是勤换流动相，常换常新。

2. 有机相溶液

对于有机相溶液，可以不用担心细菌繁殖的问题。但是有机相容易发生聚合，特别是乙腈在适宜的光照条件下极易发生聚合，瓶子里就会出现一些絮状的聚合沉淀物。为了防止聚合过程的发生，装乙腈时要用棕色的溶剂瓶，避免阳光直射，更换乙腈时应当弃去瓶底剩余的溶液。

3. 清洗过滤

溶剂瓶里的过滤头，其作用是为了防止溶液瓶中的颗粒杂质进入仪器的流路系统中，它的材质通常分为玻璃烧结石英和不锈钢，如果不慎堵塞会造成流动相吸液不畅，因此必须进行清洗，玻璃材质的通常是用稀硝酸泡，而不锈钢材质的可以直接进行超声清洗。

4. 流动相的脱气

脱气的目的是除去流动相中溶解的气体，使色谱泵的输液准确，保留时间和色谱峰面积再现性提高；使基线稳定，信噪比增加，防止气泡引起尖峰，从而提高检测器性能；减少死体积，防止填料氧化，从而保护色谱柱。目前常用的脱气方法有以下 4 种。

一是氦气脱气法。利用液体中氦气的溶解度比空气低，连续吹氦脱气，效果较好，但成本高。

二是加热回流法。效果较好，但操作复杂，且有毒性挥发污染。

三是真空脱气法。易抽走有机相。

四是超声脱气法。流动相放在超声波容器中，用超声波振荡 10~15 min，此方法效果较差，但操作简单。实际工作中，超声脱气法操作简单，仍被广泛应用，虽然此方法有时会引起气体溶解度的增加，但基本上能满足日常分析操作的要求。

(二) 高压泵的保养

泵是液相色谱的核心，泵将流动相从溶剂瓶输送到液相流路系统中，并要在高压下保持流量和压力的稳定。状态正常的高压泵是液相色谱准确分析的基础，所以平日一定要重视对泵的维护。

1. 泵压力波动

很多情况下，泵的问题反映在压力上，压力波动又是比较常见的一类问题。泵正常的压力波动通常会在 2% 以内，且平稳规律；不正常的波动通常由气泡和盐造成。如果流动相中的气泡没有被脱气机除掉而到了泵以后，就会造成压力波动，通常我们可以通过重新清洗（purge 键）流路和再次脱气流动相加以解决。

由盐造成的波动主要是因为流动相中加入了浓度较高的缓冲盐，在含盐流动相与有机相混合的时候，盐会有微小的析出，从而导致压力异常波动，解决这类问题可以考虑适当降低盐的浓度，或者使用甲醇取代乙腈有机相。如果一定要用到此类流动相，可以考虑在有机相中加入一定比例的水，然后适当提高梯度结束的终点。

2. 过滤白头保养

在泵的维护里还有一项常做的工作就是更换清洗阀上的过滤白头，通常判断的标准是纯水以 5 mL/min 流速清洗的时候，如果压力超过 1 MPa 则考虑更换。根据更换下来的过滤白头，可以大致判断仪器的使用状况。如果白头是白色的且不脏，但是堵，那有可能是流动相中有盐析出造成的；如果白头是灰黑色的，这是很常见的状况，是由于泵头密封垫磨损造成的；如果白头是黄色、绿色等怪异的颜色，仪器污染较严重，可能是流动相里的微生物造成的。

除此之外，在泵的使用过程中，常常会遇到更换流动相的情况，这种更换是指从反相溶剂更换到正相溶剂或者反过来的过程。这个过程要考虑流动相的兼容性，常用的正反相色谱溶剂是不互溶的，所以在更换期间，一定要用异丙醇彻底冲洗系统，保证管路里所有的原有溶剂都被异丙醇替换掉后再更换流动相。

（三）进样器的保养

自动进样器常见的问题是交叉污染，交叉污染产生的原因很直接，样品残留在进样针内外表面，并随下一次进样进入色谱系统。要解决交叉污染，主要靠清洗。自动进样器都会有洗针的功能，如果样品浓度较高或者是吸附性比较强，一定要打开此功能；如果未打开洗针功能，污染可能已经残留在了针座或流通阀上，那么这两个部件需及时超声清洗。

出现在自动进样器上的另外一个问题是峰面积重现性差，考虑可能与自动进样器吸取样品有关。首先观察样品的液面是不是足够高，以保证进样器可以吸到样品。排除这个问题后，再察看自动进样器的设置，对于一些黏度大的样品，要降低自动进样器的吸取速度。

（四）色谱柱的保养

色谱柱是化合物分离的关键。保养良好的色谱柱具有很高的塔板数，且仪器基线平稳。色谱柱一般比较昂贵，在平时的工作中要注意以下几个事项。

第一，色谱柱不能够碰撞、弯曲或强烈振荡。安装时要保证阀件或管路的清洁。

第二，流动相在使用前必须进行脱气处理，尽量不使用或少使用高黏度的流动相。

第三，在满足灵敏度的情况下，尽可能使用小进样量。如果样品比较"脏"，要进行净化或提纯处理。

第四，分析结束后，要清洗进样阀中残留的样品，并用流动相或适当的溶剂清洗色谱柱。

第五，如色谱柱长期不用，应该用适当的有机溶剂保存并封闭或定期给柱子补充合适的流动相。对于反相柱可以储存于纯甲醇或乙腈中，正相柱可以存放于严格脱水后的纯正己烷中，离子交换柱可以储存于水中。

（五）检测器的保养

目前市场上检测器的种类繁多，而且各有特性。以常用的紫外（VWD）/二极管阵列（DAD）检测器来说，这两类都是紫外类的检测器，虽然光路设计不同，但是本质原理都是相同的。

1. 光源部分

检测器中非常重要的部件是光源，光源对发射能量有要求，一旦能量衰减到一定程度，就会出现基线噪声变大、灵敏度降低等一系列影响使用的问题，因此光源是一个消耗品。通常紫外灯的寿命是 2 000 h，当到达这个时限的时候，我们就要特别关注灯的能量状况，可以通过仪器维护软件中自带的"灯能量测试"功能来判断，测试的结果会分别评估低、中、高 3 个波长段的能量，一旦某个波长段的测试结果显示失败，就表示需要更换灯。

2. 检测池

检测器中另一个重要部件是检测池，也叫流通池。通常大家关心的一个问题是检测池被堵塞，因为检测池通常不是很耐压，所以一旦被堵就很可能造成损坏。事实上检测池通常不太容易被堵塞，原因是几乎所有的颗粒杂质都会被色谱柱拦下了，所以堵塞检测器的东西基本都不是来自样品的，很可能是后来"产生"的，比如含盐流动相残留在检测池中导致盐析出。

（六）废液的处置

液相色谱仪的废液大部分含有有机溶剂，会对人体产生一定的危害，对环境也会产生污染，严禁随意倾倒，应及时处理。目前，国内大部分实验室是将废液送到专门的废液处理站集中进行无害化处理。

五、液相色谱仪常见故障

（一）气泡溢出

流动相内有气泡，关闭泵，打开泄压阀，打开 purge 键，清洗脱气，气泡不断从过滤器冒出，进入流动相，无论打开 purge 键几次，都无法清除不断产生的气泡。原因是过滤器长期沉浸于乙酸铵等缓冲液内，过滤器内部由于霉菌的生长繁殖，形成菌团，阻塞了过滤器，缓冲液难以流畅地通过过滤器，空气在泵的压力作用下经过滤器进入流动相。处理过滤器浸泡于 5% 硝酸溶液中，超声清洗几分钟即可；亦可将过滤器浸泡于 5% 硝酸溶液中 12~36 h，轻轻震荡几次，再将过滤器用纯水清洗几次，打开泄压阀，打开 purge 键清洗脱气，如仍有气泡不断从过滤器冒出，继续将过滤器浸泡于 5% 硝酸溶液中，如没有气泡不断从过滤器中冒出，说明过滤器内部的霉菌菌团已被硝酸破坏，流动相可以流畅地通过过滤器。打开泄压阀，打开泵，流速调至 1.0~3.0 mL/min，纯水冲洗过滤器 1 h 左右。即可将过滤器清洗干净。关闭泄压阀，纯甲醇冲洗半小时即可。

（二）柱压高

1. 缓冲液盐分如（乙酸铵等）沉积于柱内

先用 40~50 ℃ 的纯水，低速正向冲洗柱子，待柱压逐渐下降后，相应提高流速冲洗，柱压大幅度下降后，用常温纯水冲洗，之后用纯甲醇冲洗柱子 30 min。

2. 样品污染沉积

由样品的沉积引起污染的 C18 柱，和纯水反向冲洗柱子，换成甲醇冲洗，接着用甲醇+异丙醇（4∶6）冲洗柱子，再换成用甲醇冲洗，然后用纯水冲洗，最后用甲醇正向冲洗柱子 30 min 以上。

3. 无指示

查看泵密封垫圈是否磨损，如有磨损及时更换密封垫圈；另外可能是因为大量气泡进入泵体。在泵作用的同时，用一个 50 mL 的玻璃针筒在泵的出口处帮助抽出空气。

4. 不稳定

原因系统中有空气或者单向阀的宝石球和阀座之间夹有异物，使得两者不能密封。处理工作中注意观察流动相的量，保证不锈钢滤器沉入储液器瓶底，避免吸入空气，流动相要充分脱气。如为单向阀和阀座之间夹有异物，拆下单向阀，放入盛有丙酮的烧杯用超声波清洗。

5. 峰分叉

（1）色谱柱被污染

先用纯水反向冲洗柱子，然后换成甲醇冲洗，接着用甲醇+异丙醇（4：6）冲洗柱子（冲洗时间的长短由样品污染的情况而定），再换成甲醇冲洗，然后用纯水冲洗，最后甲醇正向冲洗柱子 30 min 以上。

（2）柱头填料塌陷

拧开柱头，检查柱填料是否硬结或塌陷。去除硬结部分（污染的填料），装入新填料，滴一滴甲醇，填料下陷，再填，用与柱内径相同的顶端平滑的不锈钢杆压紧，再填平，滴甲醇，再压紧反复几次，直至装满填平。柱头用甲醇冲洗干净，擦净柱外壁的填料，拧紧柱头，用纯甲醇冲洗 30 min 以上。

6. 重复性差

一是进样阀漏液，更换进样阀垫圈；二是加样针不到位，保证加样针插到底，注射样品溶液后须快速、平稳地从 LOAD 状态转换到 INJECT 状态，以保证进样量的准确；三是液量不足，及时补充液体。

六、液相色谱分析技术在农药残留分析中的应用

高效液相色谱法作为一种传统的检测方法，用于分离检测极性强、相对分子质量大的离子型农药，尤其适用于对不易气化或受热容易分解农药的检测。只要求样品能制成溶液，不受样品挥发性的限制，流动相可选择的范围宽，固定相的种类繁多，因而可以分离热不稳定和非挥发性的、离解的和非离解的以及各种分子量范围的物质。对于不能直接用 HPLC 测定的部分农药，还可以采用衍生方法。例如氨基甲酸酯类农药极性强，热稳定性差，紫外吸收弱，NY/T 761—2008 中规定了蔬菜和水果中涕灭威亚砜、涕灭威砜、灭多威、三羟基克百威、涕灭威、速灭威、克百威、甲萘威、异丙威、仲丁威 10 种氨基甲酸酯类农药及其代谢物的检测方法，如图 8-20 所示。

与试样预处理技术相配合，HPLC 所达到的高分辨率和高灵敏度，使分离并测定性质上十分相近的物质成为可能，能够分离复杂相体中的微量成分。随着固定相的发展，有可能在充分保持生化物质活性的条件下完成其分离。

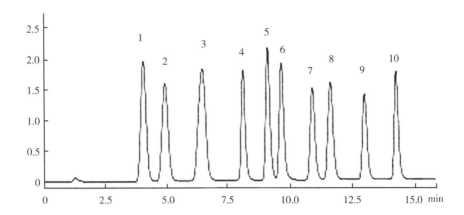

1. 涕灭威亚砜；2. 涕灭威砜；3. 灭多威；4. 三羟基克百威；5. 涕灭威；6. 速灭威；
7. 克百威；8. 甲萘威；9. 异丙威；10. 仲丁威

图 8-20 10 种氨基甲酸酯类农药标准品进样色谱

七、液相色谱-质谱联用分析技术在农药残留分析中的应用

(一) 液质联用 (HPLC-MS) 技术优点

HPLC-MS 除了可以分析气相色谱-质谱（GC-MS）所不能分析的强极性、难挥发、热不稳定性的化合物之外，还具有以下 6 个方面的优点。

一是分析范围广，MS 几乎可以检测所有的化合物，比较容易地解决了分析热不稳定化合物的难题。

二是分离能力强，即使被分析混合物在色谱上没有完全分离开，但通过 MS 的特征离子质量色谱图也能分别给出它们各自的色谱图来进行定性定量。

三是定性分析结果可靠，可以同时给出每一个组分的分子量和丰富的结构信息。

四是检测限低，MS 具备高灵敏度，通过选择离子检测（SIM）方式，其检测能力还可以提高一个数量级以上。

五是分析时间快，HPLC-MS 使用的液相色谱柱为窄径柱，缩短了分析时间，提高了分离效果。

六是自动化程度高，HPLC-MS 具有高度的自动化。

（二）液质联用原理

液质联用（HPLC-MS）又叫液相色谱-质谱联用技术，它以液相色谱作为分离系统，质谱为检测系统。样品在质谱部分和流动相分离，被离子化后，经质谱的质量分析器将离子碎片按质量数分开，经检测器得到质谱图。工作示意图如下图 8-21。

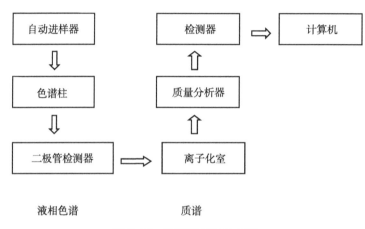

图 8-21　液质联用工作示意

（三）液质联用仪主要结构

液质联用仪主要由液相色谱仪、接口和质谱仪构成。自 20 世纪 70 年代初，人们开始致力于液-质联用接口技术的研究，在开始的 20 年中处于缓慢的发展阶段，研制出了许多种联用接口，但均没有应用于商业化生产。直到大气压离子化（atmospheric-pressure ionization，API）接口技术的问世，液-质联用才得到迅猛发展，广泛应用于实验室内分析和应用领域。液-质联用接口技术主要是沿着 3 个分支发展的。

一是流动相进入质谱直接离子化，形成了连续流动快原子轰击（continuous-flow fast atom bombarment，CFFAB）技术等。二是流动相雾化后除去溶剂，分析物蒸发后再离子化，形成了"传送带式"接口（moving-belt interface）和离子束接口（particle-beam interface）等。三是流动相雾化后形成的小液滴解溶剂化，气相离子化或者离子蒸发后再离子化，形成了热喷雾接口（thermo spray interface）、大气压化学离子化（atmospheric pressure chemical ionization，APCI）和电喷雾离子化（electrospray ionization，ESI）技术等。目前应用最广泛的离子源有电喷雾电离源和大气压化学电离源。其显著优势有：可将质荷比降低到各种不同类型的质量分析器都能检测的程度，在带电状态进行检测从而计算离子的真实分子量，可以生成高度带电且不发生碎裂的离子，同时，对于分子离子的同位素峰也可确定其分子量和带电数。大气压化学离子化（APCI）技术与 ESI 源的发展基本上是同步的，其离子化过程主要是借助于电晕放电启动一系列气相反应来完成，整个电离过程是在大气压条件下完成的。ESI 和 APCI 的共同点是离子化效率高，从而显著增强分析的灵敏度和稳定性，大多与离子阱质谱仪和三重四极杆质量分析器联用。

1. 电喷雾离子化技术

电喷雾（ESI）技术作为质谱的一种进样方法起源于 20 世纪 60 年代末 Dole 等的研究，直到 1984 年 Fenn 试验组对这一技术的研究取得了突破性进展。1985 年，将电喷雾进样与大气压离子源成功连接。1987 年，Bruins 等发展了空气压辅助电喷雾接口，解决了流量限制问题，随后第一台商业化生产的带有 API 源的液-质联用仪问世。ESI 的大发展主要源自使用电喷雾离子化蛋白质的多电荷离子在四极杆仪器上分析大分子蛋白质，大大拓宽了分析化合物的分子量范围。

ESI 源主要由 5 部分组成：流动相导入装置；真正的大气压离子化区域，通过大气压离子化产生离子；离子取样孔；大气压到真空的界面；离子光学系统，该区域的离子随后进入质量分析器。在 ESI 中，离子的形成是分析物分子在带电液滴的不断收缩过程中喷射出来的，即离子化过程是在液态下完成的。液相色谱的流动相流入离子源，在氮气流下汽化后进入强电场区域，强电场形成的库仑力使小液滴样品离子化，离子表面的液体借助于逆流加热的氮气分子进一步蒸发，使分子离子相互排斥形成微小分子离子颗粒。这些离子可能是单电荷或多电荷，取决于分子中酸性或碱性基团的体积和数量。

电喷雾离子化技术的优点：可以生成高度带电的离子而不发生碎裂，可将质荷比降低到各种不同类型的质量分析器都能检测的程度，通过检测带电状态可计算离子的真实分子量，同时，解析分子离子的同位素峰也可确定带电数和分子量。另外，ESI 可以很方便地与其他分离技术联接，如液相色谱、毛细管电泳等，可方便地纯化样品用于质谱分析。因此在药残、药物代谢、蛋白质分析、分子生物学研究等诸多方面得到广泛的应用。其主要优点是：离子化效率高；离子化模式多，正负离子模式均可以分析；对蛋白质的分析分子量测定范围广；对热不稳定化合物能够产生高丰度的分子离子峰；可与大流量的液相联机使用；通过调节离子源电压可以控制离子的断裂，给出结构信息（图 8-22）。

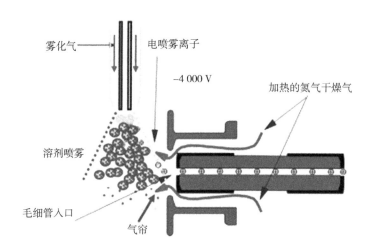

雾化气

电喷雾离子

−4 000 V

加热的氮气干燥气

溶剂喷雾

毛细管入口

气帘

图 8-22　电喷雾离子化（ESI）技术原理

2. 大气压化学离子化技术

大气压化学离子化（APCI）技术应用于液-质联用仪是由 Horning 等于 20 世纪 70 年代初发明的，直到 20 世纪 80 年代末才真正得到突飞猛进的发展，与 ESI 源的发展基本上是同步的。但是 APCI 技术不同于传统的化学电离接口，它是借助于电晕放电启动一系列气相反应以完成离子化过程，因此也称为放电电离或等离子电离。从液相色谱流出的流动相进入一具有雾化气套管的毛细管，被氮气流雾化，通过加热管时被汽化。在加热管端进行电晕尖端放电，溶剂分子被电离，充当反应气，与样品气态分子碰撞，经过复杂的反应后生成准分子离子。然后经筛选狭缝进入质谱计。整个电离过程是在大气压条件下完成的。

大气压化学离子化（APCI）技术的优点：①形成的是单电荷的准分子离子，不会发生 ESI 过程中因形成多电荷离子而发生信号重叠、降低图谱清晰度的问题；②适应高流量的梯度洗脱的流动相；③采用电晕放电使流动相离子化，能大大增加离子与样品分子的碰撞频率，比化学电离的灵敏度高 3 个数量级；④液相色谱-大气压化学电离串联质谱成为精确、细致分析混合物结构信息的有效技术。

（四）液质联用仪在农药残留分析中的应用

随着联用技术的日趋完善，HPLC-MS 逐渐成为最热门的分析手段之一。

化合物具有强极性、难挥发性，并且具有显著的热不稳定性在一些果蔬中会有农药残留，需要在进入市场之前对其进行农药残留检测。在检测过程中，农产品的农药残留分析对灵敏度与选择性等的要求比较高，经常要对复杂基质中的μg/L级，或者是更低浓度水平的农药残留物质进行检测，检测技术的检测限必须达到要求。因此，在检测的时候，要选择性能高以及灵敏度高的液相色谱质谱联用技术来进行检测和分析。GB/T 20769—2008 应用的就是液质联用仪技术检测水果和蔬菜中的 450 种农药残留量。

第五节　农药残留检测新方法开发

农药残留检测新方法开发就是针对某类样品、某项或多项农药参数建立一套完整的分析方法。即便检测方法是依据现行有效的标准方法，也要进行方法的证实和确认，所以方法开发是检测人员所必须具备的一项技能水平和素质。就常用的气相色谱法而言，首先需要确定样品的提取、净化、浓缩等前处理方法，然后优化分离条件，直至达到满意的分离结果。通过优化仪器参数，建立起仪器检测方法，达到定性和定量农药残留量目的。

一、样品来源及其前处理方法

GC 能直接分析的样品必须是气体或液体，固体样品在分析前应当溶解在适当的溶剂中，而且还要保证样品中不含 GC 不能分析的组分（如无机盐）或可能会损坏色谱柱的组分。如果样品中有不能用 GC 直接分析的组分，或者样品浓度太低，就必须进行必要的前处理操作，包括提取技术、浓缩技术、净化技术等，这些技术可以通过参阅相关文献、标准方法来获得。同时应选取具有较低的沸点的溶剂进行提取，从而使其容易与样品分离。尽可能避免用水、二氯甲烷和甲醇作溶剂，因为它们有损于色谱柱的使用寿命。另外，如果用毛细管柱分析，应注意样品的浓度不要太高，以免造成柱超载。通常样品的浓度为 mg/L 级或更低。

二、确定仪器配置

当样品和所需要检测的农药参数确定后，根据自身实验室现有条件，查阅相关资料，来确定进样装置、载气、色谱柱和检测器。例如，要测定水果蔬菜中三唑酮残留量，可以选用气相色谱法，载气为氮气，色谱柱为 HP-1 或者 DB-1，检测器为电子捕获检测器。

三、确定和优化仪器操作条件

当样品准备好，且仪器配置确定之后，就可开始进行尝试性分离。这时要确定初始分离条件，主要包括进样量、进样口温度、检测器温度、色谱柱温度和载气流速。

（一）进样量

进样量要根据样品浓度、色谱柱容量和检测器灵敏度来确定。进样量通常为1~5 μL，而对于毛细管柱，若分流比为50：1时，进样量一般不超过2 μL；不分流时进样量一般为1 μL。如果这样的进样量不能满足检测灵敏度的要求，可考虑加大进样量，但以不超载为限。必要时先对样品进行预浓缩，还可考虑采用专门的进样技术，如脉冲进样、大体积进样，还可采用灵敏度更高的检测器。

（二）进样口温度

进样口温度主要由样品的沸点范围决定，还要考虑色谱柱的使用温度，即首先要保证待测样品全部汽化，其次要保证汽化的样品组分能够全部流出色谱柱，而不会在柱中冷凝。原则上讲，进样口温度高一些有利，一般要接近样品中沸点最高的组分的沸点，但要低于易分解组分的分解温度，常用的条件是250~350 ℃。大多数先进 GC 仪器的进样口温度均可达到450 ℃。注意，当样品中某些组分会在高温下分解时，就适当降低汽化温度。必要时，可采用冷柱头进样或程序升温汽化（PTV）进样技术。

（三）色谱柱温度

色谱柱温度的确定主要由样品的复杂程度和汽化温度决定。原则是既要保证待测物的完全分离，又要保证所有组分能流出色谱柱，且分析时间越短越好。组成简单的样品最好用恒温分析，这样分析周期会短一些。对于组成复杂的样品，常需要用程序升温分离。因为在恒温条件下，如果柱温较低，则低沸点组分分离得好，而高沸点组分的流出时间会太长，造成峰展宽，甚至滞留在色谱柱中造成柱污染；反之，当柱温太高时，低沸点组分又难以分离。毛细管柱的一个最大优点就是可在较宽的温度范围内操作，这样既保证了待测组分的良好分离，又能实现尽可能短的分析时间。农药残留分析常用的是程序升温，从较低的温度升到较高的温度。

（四）检测器的温度

检测器的温度是指检测器加热块温度，而不是实际检测点，如火焰的温度。检测器温度的设置原则是保证流出色谱柱的组分不会冷凝，同时满足检测器灵敏度的要求。大部分检测器的灵敏度受温度影响不大，故检测器温度可参照色谱柱的最高温度设定，而不必精确优化。ECD 检测器易污染，温度不能低于进样口和柱温箱实际最高温度。

（五）载气流速

当样品和仪器配置确定之后，分析人员往往采取的措施就是改变色谱柱温和载气流速（柱流速），以期达到最优化的分离。当在初始条件下样品中难分离物质对的分离度 R 大于 1.5 时，可采用增大载气流速、提高柱温或升温速率的措施来缩短分析时间，反之亦然。

四、定性分析

定性分析就是确定色谱峰的农药种类。对于简单的样品，可通过标准物质对照来定性，即在相同的色谱条件下，分别注射标准样品和实际样品，根据保留值即可确定色谱图上哪个峰是要分析的组分。定性时必须注意，在同一色谱柱上，不同化合物可能有相同的保留值。所以，对未知样品的定性仅仅用一个保留数据是不够的。双柱或多柱保留指数定性是 GC 中较为可靠的方法，因为不同的化合物在不同色谱柱上具有相同保留值的概率要小得多。对于复杂的样品，则要通过保留指数和/或气相色谱–质谱联用法来定性。事实上，质谱是目前定性的首选方法，它可以给出相应色谱峰的分子结构信息，同时还能做定量分析。但我们应清楚，气相色–质谱联用法并不总是可靠的，尤其是一些同分异构体，它们的质谱图往往非常相似，故计算机检索结果有时是不正确的。只有当 GC 保留指数和 MS 图的鉴定结果相吻合时，定性的可靠性才是有保障的。

在日常分析中，有时因为分析样品量大或者样品基质复杂，导致进样口端的色谱柱受到污染，对我们的定性分析产生影响。此时，我们需要将色谱柱割掉一段来去除污染影响。当使用 SIM 模式采集数据时，在色谱柱维护后，化合物的保留时间就会因为色谱柱变短而出现前移，此时如果还使用原有的采集窗口，就会出现个别化合物实际出峰时间提前于窗口的采集时间，从而导致该化合物漏采。因此，为了避免漏采数据，每次色谱柱维护后，我们必须对质谱分析方法中化合物采集窗口的时间及时更新。通常选择人工的方式将各采集时间段进行更新，但相对来说非常麻烦、费时。目前有些仪器利用定位标志化合物，通过计算调节柱前压或者载气流速来自动调整保留时间。

五、定量分析

这一步骤是要确定用什么定量方法来测定待测组分的含量。常用的色谱定量方法不外乎峰面积（或峰高）百分比法、归一化法、外标法、内标法和标准加入法（又称为叠加法）。

（一）峰面积百分比法

此法最简单，但最不准确。当样品由同系物组成，或者只是为了粗略地定量时，则可以选择该法。在有机合成过程中，监测产物的变化时常用此法进行相对定量。因为不同的化合物在同一条件下、同一检测器上的响应因子（单位峰面积代表的样品量）往往不同，故须用标准样品测定响应因子进行校正后，方可得到准确的定量结果。其他几种定量方法均需要校正。峰面积均可用峰高代替，理论上讲，浓度型检测器用峰高定量较准确，而质量型检测器用峰面积定量更准确。在实际操作中，影响峰高和峰面积的因素有多种，不仅载气流速和柱温对其有影响，而且检测器的结构设计等均有影响。综合考虑各种因素，峰面积定量一般比峰高定量准确。然而，当峰未完全分离时，面积积分准确度会下降，此时用峰高定量不失为一种合理的选择。

（二）归一化法

相比起来，归一化法较为复杂，它要求样品中所有的组分均出峰，且要求有所有组分的标准品才能定量，故很少采用。

（三）外标法

此法用得较多，只要用一系列浓度的标准样品作出工作曲线（样品量或浓度对峰面积作图），就可在完全一致的条件下对未知样品进行定量分析。只要待测组分出峰且分离完全即可，而不考虑其他组分是否出峰和是否分离完全。需要强调，外标法定量时，分析条件必须严格重现，特别是进样量。如果测定未知物和测定工作曲线时的条件有所不同，就会导致较大的定量误差。还应注意，外标工作曲线最好与未知样品同时测定，或者定期重新测定工作曲线，以保证定量准确度。

（四）内标法

相对而言，内标法的定量精度最高，因为它是用相对内标物的响应值来定量的。内标物要分别加到标准样品和未知样品中，而且量要相同。这样就可抵消由于操作条件（包括进样量）的波动带来的误差。与外标法类似，内标法只要求待测组分出峰且分离完全即认可，其余组分则可通过快速升高柱温使其流出或用反吹法将其放空，这样就可达到缩短分析时间的目的。尽管如此，但要找到一个合适的内标物并不容易，因为理想的内标物的保留时间和响应因子应该与待测物尽可能接近，且要完全分离。此外，用内标法定量时，样品制备过程要多一个定量加入内标物的步骤，标准样品和未知样品均要加入一定量的内标物。因此，如果对定量精度要求不高，则应避免使用内标法。

（五）标准加入法

此法是在未知样品中定量加入待测物的标准品，然后根据峰面积（或峰高）的增加量来进行定量计算。其样品制备过程与内标法类似，但计算原理则完全是来自外标法。标准加入法的定量精度介于内标法和外标法之间。

参考文献

柴丽月，常卫民，陈树兵，等，2006. 食品中农药残留分析技术研究 [J]. 食品科学，27（7）：238-242.

金珍，2006. 食品中多农药残留的气相色谱/质谱分析方法研究与应用 [J]. 分析化学，4（9）：231-234.

刘丰茂，潘灿平，钱传范，2021. 农药残留分析原理与方法 [M]. 北京：化学工业出版社.

刘宏伟，2013. 水果蔬菜中17种有机氯和拟除虫菊酯类农药残留检测方法研究 [J]. 中国计量（7）：85-86.

农业部环境质量监督检验测试中心（天津），2008. 蔬菜水果中有机磷、有机氯、拟除虫菊酯和氨基甲酸酯类农药多残留的测定：NY/T 761—2008 [S]. 北京：中国农业出版社.

王冬伟，刘畅，周志强，等，2019. 新型农药残留快速检测技术研究进展. 农药学学报，21（5-6）：852-864.

王林，王晶，张莹，等，2003. 蔬菜中有机磷和氨基甲酸酯类农药残留量

快速检测方法研究 [J]. 中国食品卫生杂志，15（1）：39-41.

薛丽，刘敏，孙茜，等，2014. 蔬菜水果中有机氯和拟除虫菊酯类农药残留检测前处理方法的技术探讨 [J]. 粮油加工（6）：78-83.

薛丽，王尚君，张卫东，等，2022. 双柱双检测器气相色谱法测定蔬菜水果中 8 种有机磷农药残留量 [J]. 农药，61（3）：208-211.

张艳丽，刘宏伟，宋保军，等，2013. 农产品实验室能力验证过程中的质量控制 [J]. 分析仪器（6）：29-31.

中华人民共和国农业部，2007. 蔬菜、水果中 51 种农药多残留的测定气质色谱/质谱法：NY/T1380—2007 [S]. 北京：中国农业出版社.

第九章　农药最大残留限量

一、农药最大残留限量概述

含有农药残留的农产品能不能吃？食用含有农药残留的农产品是否安全？这取决于农产品的食用量及农药的残留量和毒性。为确保农产品的安全，各国根据农药的毒理学数据（主要是每日允许摄入量和急性参考剂量）和居民的膳食结构等制定农药最大残留限量。农药最大残留限量即在食品或农产品内部或表面法定允许的农药最大浓度，以每千克食品或农产品中农药残留的毫克数表示（mg/kg）。残留量是生产控制的安全线，低于限量的农产品是安全的，可以放心食用，否则就存在安全风险，不应食用。需要补充的是，在制定最大残留限量时，均有一个安全系数，至少为 100 倍。因此残留限量具有很大的保险系数，理论上讲，即使误食残留超标的农产品，只要超标不严重，也可能不会发生安全事故。

二、我国农药最大残留限量制定程序

一是确定规范残留试验中值（STMR）和最高残留值（HR），按照《农药登记资料规定》和《农药残留试验准则》（NY/T 788—2004）的要求，在农药使用的良好农业规范条件下进行规范残留试验，根据残留试验结果确定规范残留试验中值（STMR）和最高残留值（HR）。

二是确定每日允许摄入量（ADI）和/或急性参考剂量（ARfD），根据毒物代谢动力学和毒理学评价结果，制定每日允许摄入量。对于有急性毒性作用的农药，制定急性参考剂量。

三是推荐农药最大残留限量，根据规范残留试验数据，确定最大残留水平。依据我国膳食消费数据，估算每日摄入量或短期膳食摄入量，进行膳食摄入风险评估，推荐食品安全国家标准农药最大残留限量（MRL）。

推荐的最大残留限量，低于 10 mg/kg 的保留一位有效数字，高于 10 mg/kg、低于 99 mg/kg 的保留两位有效数字，高于 100 mg/kg 的用 10 的倍数表示。最大残留限量通常设置为 0.01 mg/kg、0.02 mg/kg、0.03 mg/kg、

0.05 mg/kg、0.07 mg/kg、0.1 mg/kg、0.2 mg/kg、0.3 mg/kg、0.5 mg/kg、0.7 mg/kg、1 mg/kg、2 mg/kg、3 mg/kg、5 mg/kg、7 mg/kg、10 mg/kg、15 mg/kg、20 mg/kg、25 mg/kg、30 mg/kg、40 mg/kg 和 50 mg/kg。例如，多菌灵在韭菜中的限量为 2 mg/kg；阿维菌素在韭菜中的限量为 0.05 mg/kg；克百威在豇豆中的限量为 0.02 mg/kg。

三、农药最大残留限量标准进展情况

中国是一个人口大国，农业大国，农产品的质量安全关系到国计民生，是重中之重。由于农业作业受限于自然条件，960 万 km² 土地上能利用的土地资源是非常有限的，为了满足我国人口的吃饭问题，提高农产品产量是最有效的手段之一。目前提高农产品产量最直接最经济的方法就是合法合规地使用农药，与此同时农药残留就成了一个无法回避的问题，所以国家为保障农产品质量安全，维护人民身体健康，促进农业良性和可持续发展，农产品中的农药残留数值的监测工作是各级政府农业部门每年最重要的常规工作之一。2021 年 3 月，农业农村部、国家卫生健康委员会和市场监督管理总局联合发布《食品安全国家标准 食品中农药最大残留限量》（GB 2763—2021），该标准正式实施时间为 2021 年 9 月 3 日，是我国食品中农药最大残留限量的强制性标准，也是食品安全评价和食品安全监管部门执法的重要依据。该标准规定的农药种类数为 564 个，食品种（类）为 376 个，农药最大残留限量达到 10 092 项，基本覆盖了我国批准使用的农药品种，涵盖了我国主要植物源性农产品。2015 年由农业部提出并获得国务院批准的《加快完善我国农药残留标准体系的工作方案》中提出了为健全我国农药残留标准体系，农药残留标准达到 1 万项的计划，该标准的发布完成了方案中计划的目标任务，迈进了又一个新台阶。新版标准与国际食品法典委员会（Codex Alimentarius Commission，CAC）相关标准无论从农药品种还是限量数来说，新版标准都远远高于 CAC 相关标准，前者大约为后者的 2 倍。该标准将在我国农产品种植过程中规范合理用药、质量安全监管、保障农产品国际贸易中良好发展等方面发挥重要作用。

（一）我国食品中农药残留限量标准进展历程

为保证农产品安全生产，国际食品法典委员会（Codex Alimentarius Commission，CAC）、欧盟（European Union，EU）、东盟（Association of Southeast Asian Nations，ASENA）、日本、美国、新西兰等许多国际组织和国家均出台

了相应的农药最大残留限量标准。我国食品中农药最大残留限量标准的制定始于 20 世纪 70 年代，此后不断加强其修订和完善，直到 2005 年 1 月 25 日，我国颁布了的国家标准《食品中农药最大残留限量》（GB 2763—2005），该标准中规定的农药最大残留限量为 478 项，农药种类为 136 种。2009 年《食品安全法》发布实施，2010 年开始针对农药最大残留限量行业标准和国家标准存在过时、重复、交叉等问题进行规范和清理。经过 7 年多的不断修订和完善，于 2012 年 11 月 16 日颁布《食品安全国家标准 食品中农药最大残留限量》（GB 2763—2012），此前发布的所有农药最大残留限量标准均废止，此标准成为我国唯一的农药最大残留限量标准。标准规定了 2 293项最大残留限量和322 种农药。2 年后《食品安全国家标准 食品中农药最大残留限量》（GB 2763—2014）颁布，规定了 3 650项最大残留限量标准和 387 种农药。随着配套检测方法的增多以及认知水平不断提高，接着于 2016 年颁布了 GB 2763—2016，规定了 4 140 项最大残留限量标准和 433 种农药。2018 年颁布了 GB 2763.1—2018，增加了 43 种农药 302 项最大残留限量标准，作为对 GB 2763—2016 的补充。接着次年的 8 月 15 日又颁布了《食品安全国家标准 食品中农药最大残留限量》（GB 2763—2019），规定了 7 107 项残留限量标准和 483 种农药，涉及 356 种（类）食品。2021 年 3 月，农业农村部、国家卫生健康委和市场监管总局发布《食品安全国家标准 食品中农药最大残留限量》（GB 2763—2021），该新版标准于 2021 年 9 月 3 日起正式实施。标准规定了 10 092项最大残留限量、564 种农药，涵盖了 376 种（类）食品，标志着我国农药残留限量标准进入一个新的里程碑。农药残留标准超过了 1 万项，国家批准使用的农药品种和主要植物源性农产品基本全面被覆盖，农药种类和最大限量数是 CAC 相关标准的近 2 倍。我国 GB 2763 标准研制工作近几年来一直在稳步快速地更新推进，以中国农业科学院植物保护研究所、省部级农药检定机构等近 100 家技术先进单位为依托，标准草案需广泛征求相关技术领域专家、有关职能部门、标准使用用户等的意见，然后经过国家农药残留标准审评委员会和食品安全国家标准审评委员会审议，同时得接受世界贸易组织成员对标准科学性的评议，这样既有效保证了标准的科学性、公正性和合理性，又能有力促进农产品国际贸易。图 9-1 是我国食品中农药最大残留限量 GB 2763 国家标准历次版本规定的食品中农药种类及最大残留限量标准数量分布情况。

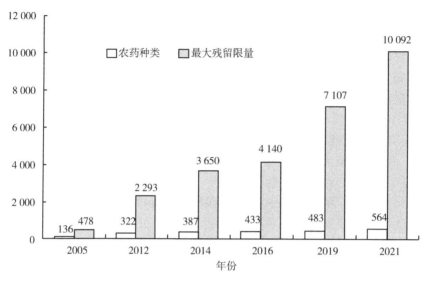

图 9-1 GB 2763 历次版本规定的食品中农药种类及最大残留限量标准数量分布情况

（二）GB 2763—2021 标准变化特点

1. 农药品种数量和农药最大残留限量数量均有大幅增加

新版 GB 2763—2021 与 2019 版相比，由 2019 版的 483 种农药增加到 2021 版的 564 种农药，增加了 81 种农药，增幅为 16.7%；最大残留限量数量由 7 107 增加到了 10 092，增加了 2 985 项，增幅为 42%；农药品种和限量数量均大幅增加，全面覆盖了我国批准使用的农药品种和主要植物源性农产品，远超过 CAC 相关标准。

2. 2021 版标准中农药品种涵盖范围和农药最大残留限量值体现了"四个最严"的要求

"四个最严"即"最严谨的标准、最严格的监管、最严厉的处罚、最严肃的问责"。2021 版标准中规定了 29 种禁用农药（六六六、滴滴涕、毒杀芬、杀虫脒、艾氏剂、狄氏剂、甲胺磷、对硫磷、甲基对硫磷、久效磷、磷胺、苯线磷、地虫硫磷、甲基硫环磷、磷化镁、硫线磷、蝇毒磷、治螟磷、特丁硫磷、氯磺隆、胺苯磺隆、甲磺隆、三氯杀螨醇、林丹、硫丹、溴甲烷、杀扑磷、百草枯、2,4-滴丁酯）792 项的限量值和 20 种限用农药〔甲基异柳磷、克百威、水胺硫磷、氧化乐果、灭多威、涕灭威、灭线磷、甲拌磷、内吸磷、硫环磷、氯唑磷、乙酰甲胺磷、丁硫克百威、乐果、毒死蜱、三唑磷、丁酰肼（比久）、氰戊菊酯、氟虫腈、氟苯虫酰胺] 345 项的限量值；针对广大人民群众日常消费量大，甚至可以直接生食的蔬菜、水果类农产品，农药残留限量数量达到 5 766 项，占限量总数的比例为 57.1%；同时为加强农产品国际贸易，规范监管进口农产品，制定了 87 种未在我国登记使用农药的 1 742 项残留限量。

3. 完善了农药残留限量配套的检测方法

根据《食品安全法》规定，与农药残留限量标准配套的农药残留检测方法属于食品安全标准，因此 GB 2763 规定的农药残留的配套检测方法具有法定性，是强制执行的标准。GB 2763—2021 版与 GB 2763—2019 版相比，增加了 7 项检测方法标准，修订了 2 项检测方法标准，删除了 2 项检测方法标准，具体变化见表 9-1。同时，在规范性引用文件中 还增加了"在本文件发布后，新实施的食品安全国家标准（GB 23200）同样适用于相应参数的检测"是指在 2021 版 2763 之后发布的 GB 23200 系列农药残留检测方法，即使该文本中没有提出，也可以作为对应农药的配套检测方法，明确和规定了衔接机制，这样保障了农药残留新制定的检测方法标准应用的时效性。本次标准发布的同时，还同步发布了《食品安全国家标准 植物源性食品中单氰胺残留量的测定 液相色谱－质谱联用法》（GB 23200.118—2021）、《食品安全国家标准 植物源性食品中沙蚕毒素类农药残留量的测定 气相色谱法》（GB 23200.119—2021）、《食品安全国家标准 植物源性食品中甜菜安残留量的测定 液相色谱质谱联用法》（GB 23200.120—2021）、《食品安全国家标准 植物源性食品中 331 种农药及其代谢物残留量的测定 液相色谱质谱联用法》（GB 23200.121—2021）4 项农药残留检测方法标准，有效地解决了少部分农药残留标准"有限量、无方法"问题，对农药最大残留限量检测配套方法的完善和修订，检测方法的适用性和科学性得到了很大的提高。

表 9-1　GB 2763—2021 和 GB 2763—2019 配套检测方法变化

GB 2763—2021	GB 2763—2019
《食品安全国家标准 植物源性食品中 90 种有机磷类农药及其代谢物残留量的测定 气相色谱法》（GB 23200.116—2019）	/

（续表）

GB 2763—2021	GB 2763—2019
《食品安全国家标准 植物源性食品喹啉铜残留量的测定 高效液相色谱法》（GB 23200.117—2019）	/
《茶叶中炔螨特残留量的测定 气相色谱法》（NY/T 1721—2009）	/
《进出口食品中茚虫威残留量的检测方法 气相色谱法和液相色谱－质谱/质谱法》（SN/T 1971—2007）	/
《出口食品中灭螨醌和羟基灭螨醌残留量的测定 液相色谱－质谱/质谱法》（SN/T 4066—2014）	/
《出口水果蔬菜中脱落酸等60种农药残留量的测定 液相色谱-质谱/质谱法》（SN/T 4591—2016）	/
《出口食品中草甘膦及其代谢物残留量的测定方法 液相色谱-质谱/质谱法》（SN/T 4655—2016）	/
《出口水果中克菌丹残留量的检测 气相色谱法和气相色谱－质谱/质谱法》（SN/T 0654—2019）	《出口水果中克菌丹残留量检测方法》（SN/T 0654—2019）
《进出口植物性产品中氰草津、氟草隆、莠去津、敌稗、利谷隆残留量检测方法 液相色谱-质谱/质谱法》（SN/T 1605—2017）	《进出口植物性产品中氰草津、氟草隆、莠去津、敌稗、利谷隆残留量检测方法 高效液相色谱法》（SN/T 1605—2017）
/	《植物性食品中氯氰菊酯、氰戊菊酯和溴氰菊酯残留量的测定》（GB/T 5009.110—2003）
/	《食品中苯酰胺类农药残留量的测定 气相色谱-质谱法》（GB 23200.72—2016）

注："/"表示两个版本标准对比无相对应的检测方法。

4. 新版 GB 2763—2021 其他技术变化

新版 GB 2763—2021 除了农药种类、最大残留限量数量及配套的检测方法 3 个技术变化外，还有以下 7 个方面的技术变化：增加了 2,4-滴丁酸等 66 种农药每日允许摄入量（acceptable daily intake，ADI）；修订了原标准中噻唑磷的中文通用名和 2,4-滴二甲胺盐等 3 种农药的英文通用名；修订了原标准中 194 项农药最大残留限量值；修订了原标准中吡氟禾草灵等 12 种农药残留物定义；修订了丁苯吗啉等 4 种农药每日允许摄入量（ADI）；2 甲 4 氯（钠）等 17 种农药的部分限量值由临时限量修改为正式限量；噻草酮等 3 种农药的限量值由正式限量修改为临时限量；修订了规范性附录 A，其中增加了小麦全粉等 20 种食品名称，修订了 15 种食品名称。

参考文献

刘永明，葛娜，崔宗岩，等，2016. 2012—2014 年青岛、深圳、大连三口岸 282 份进口水果和蔬菜中农药残留监测［J］. 中国食品卫生杂志，28（4）：511-515.

聂继云，毋永龙，李静，等，2013. 我国水果农药残留限量新标准及其解析［J］. 中国果树，9（5）：75-78.

朴秀英，单炜力，简秋，等，2013. 食品安全国家标准—食品中农药最大残留限量（GB2763—2012）介绍［J］. 农药科学与管理，34（2）：35-39.

薛丽，王尚君，田雨超，等，2021. 食品中农药最大残留限量标准进展分析［J］. 食品安全质量检测学报，12（22）：8933-8939.

虞轶俊，吴声敢，于国光，等，2014. 新版食品中农药最大残留限量国家标准研究［J］. 农产品质量与安全（4）：37-39.

中华人民共和国国家卫生部，中华人民共和国农业部，2012. 食品安全国家标准 食品中农药最大残留限量［S］. 北京：中国标准出版社.

中华人民共和国国家卫生和计划生育委员会，中华人民共和国农业部，2014. 食品安全国家标准-食品中农药最大残留限量［S］. 北京：中国标准出版社.

中华人民共和国国家卫生和计划生育委员会，中华人民共和国农业部，国家食品药品监督管理总局，2016. 食品安全国家标准 食品中农药最大残留限量［S］. 北京：中国标准出版社.

中华人民共和国国家卫生健康委员会，中华人民共和国农业农村部，国家市场监督管理总局，2018. 食品安全国家标准食品中百草枯等 43 种农药最大残留限量［S］. 北京：中国标准出版社.

中华人民共和国国家卫生健康委员会，中华人民共和国农业农村部，国家
　市场监督管理总局，2019. 食品安全国家标准 食品中农药最大残留限
　量 [S]. 北京：中国农业出版社.

中华人民共和国国家卫生健康委员会，中华人民共和国农业农村部，国家
　市场监督管理总局，2021. 食品安全国家标准 食品中农药最大残留限
　量 [S]. 北京：中国农业出版社.

中华人民共和国农业部，中国国家标准化管理委员会，2005. 食品中农药
　最大残留限量 [S]. 北京：中国农业出版社.

中华人民共和国农业农村部，(2019-8-30). 我国农药残留限量增至 7107
　项 [EB/OL]. [2019-09-07]. http：//www. moa. gov. cn/xw/zwdt/
　201908/t20190830_6327059. htm.

朱光艳，简秋，郑尊涛，等，2014. 我国食品中农药最大残留限量标准制
　定进展 [J]. 农药科学与管理，35 (4)：8-11.

第十章　农产品中常用农药的检测

一、农产品中常用农药检测标准

我国农残检测标准一直在发展中前进，在前进中发展。从开始的以气相色谱法、液相色谱法为主要检测手段的《蔬菜水果中有机磷、有机氯、拟除虫菊酯和氨基甲酸酯类农药多残留的测定》（NY/T 761—2008）到 GB 23200 系列标准，根据样品的基质类型、农药检测种类分别采用气相色谱法（gas chromatography，GC）、液相色谱法（liquid chromatography，LC）、气相色谱-串联质谱法（gas chromatography-tandem mass spectrometry，GC-MS/MS）、液相色谱-串联质谱法（liquid chromatography-tandem mass spectrometry，LC-MS/MS）、气相色谱-三重四极杆串联质谱法（gas chromatography-triple quadrupole-tandem mass spectrometry，GC-triple Q-MS/MS）、液相色谱-三重四极杆串联质谱法（liquid chromatography-triple quadrupole-tandem mass spectrometry，LC-triple Q-MS/MS）进行检测。目前被《国家食品抽查细则》及检测机构选用的主要有：《食品安全国家标准 蜂蜜、果汁和果酒中 497 种农药及相关化学品残留量的测定 气相色谱-质谱法》（GB 23200.7—2016）、《食品安全国家标准 水果和蔬菜中 500 种农药及相关化学品残留量的测定 气相色谱-质谱法》（GB 23200.8—2016）、《食品安全国家标准 食用菌中 440 种农药及相关化学品残留量的测定 液相色谱-质谱法》（GB 23200.12—2016）、《食品安全国家标准 茶叶中 448 种农药及相关化学品残留量的测定 液相色谱-质谱法》（GB 23200.13—2016）、《食品安全国家标准 果蔬汁和果酒中 512 种农药及相关化学品残留量的测定 液相色谱-质谱法》（GB 23200.14—2106）、《食品安全国家标准 水果和蔬菜中阿维菌素残留量的测定 液相色谱法》（GB 23200.19—2016）、《食品安全国家标准 食品中阿维菌素残留量的测定 液相色谱-质谱/质谱法》（GB 23200.20—2016）、《食品安全国家标准 食品中涕灭砜威、吡唑醚菌酯、嘧菌酯等 65 种农药残留量的测定 液相色谱-质谱/质谱法》（GB 23200.34—2016），以及《食品安全国家标准 植物源性食品中 9 种氨基甲酸酯类农药及其代谢物残留量的测定 液相色谱-柱后衍生法》（GB

23200. 112—2018)、《食品安全国家标准 植物源性食品中 90 种有机磷类农药及其代谢物残留量的测定 气相色谱法》（GB 23200. 116—2019）与《食品安全国家标准 植物源性食品中 208 种农药及其代谢物残留量的测定 气相色谱-质谱联用法》（GB 23200. 113—2018）。

二、农产品中常用农药的检测

（一）仪器与试剂

1. 仪器

食品捣碎机、百分之一的天平、匀浆机、真空过滤泵、真空旋转蒸发仪、固相萃取仪、氮吹仪、岛津 GC2010 气相色谱仪（带 ECD 检测器）、岛津 GC2010 气相色谱仪（带 PDF 检测器）、自动进样器、分流/不分流进样口、HP-1 色谱柱、HP-50 色谱柱、涡旋混合器。

2. 试剂和材料

乙腈、丙酮、正己烷（均为色谱纯）、百菌清、三唑酮、腐霉利、甲氰菊酯、高效氯氟氰菊酯、氟氯氰菊酯、氯氰菊酯、氰戊菊酯、溴氰菊酯 12 种农药标准溶液浓度为 100 μg/mL 的单一农药标准溶液。氯化钠、弗洛里矽柱（安捷伦）、氮气（纯度≥99. 999%）。

（二）实验原理

农产品中有机氯农药用乙腈提取，经过匀浆、过滤、浓缩，用弗洛里矽柱进行分离、净化，得到的淋洗液经过浓缩后定容。然后注入气相色谱仪，农药组分经毛细管柱分离，用电子捕获器（ECD）进行检测，根据保留时间进行定性，外标法用峰面积进行定量；农产品中有机磷农药用乙腈提取，提取溶液经过过滤浓缩后，用丙酮，注入气相色谱仪，农药组分经毛细管柱分离，用火焰光度检测器（PDF 磷滤光片）进行检测，根据保留时间进行定性，外标法用峰面积进行定量。

（三）实验方法

1. 试样制备

取不少于 3 kg 蔬菜样品，用干净的纱布擦去可食部分的表面附着物，采用四分法，将其切碎，充分混匀放入食品捣碎机制成待测样，放入样品盒中，于-17 ℃条件下保存，备用。

2. 提取

准确称取 25.00 g 待测样品，加入 50.0 mL 乙腈，高速匀浆 2 min 后过滤，滤液收集到装有 7 g NaCl 的 100 mL 具塞量筒中，盖上盖子，剧烈震荡 1 min，在室温下静置 30 min，使乙腈相和水相分层。

3. 净化

有机氯农药净化：从 100 mL 具塞量筒中吸取 10.00 mL 乙腈溶液，放入 150 mL 烧杯中，将烧杯放在 80°C 水浴锅上加热，杯内缓缓通入氮气或空气流，蒸发近干，加入 2.0 mL 正己烷，盖上铝箔，备用。

将弗罗里硅柱依次用 5.0 mL 丙酮+正己烷（1 : 9）、5.0 mL 正己烷预淋洗，条件化，当溶剂液面到达柱吸附层表面时，立即倒入上述待净化溶液，用 15 mL 刻度离心管接收洗脱液，用 5 mL 丙酮+正己烷（1 : 9）冲洗烧杯后淋洗弗罗里硅柱，并重复一次。将盛有淋洗液的离心管置于氮吹仪上，在水浴温度 50°C 条件下，氮吹蒸发至小于 5 mL，用正己烷定容至 5.0 mL，在旋涡混合器上混匀，分别移入两个 2 mL 自动进样器样品瓶中，待测。

有机磷农药净化：从具塞量筒中吸取 10.00 mL 乙腈溶液，放入 150 mL 烧杯中，将烧杯放在 80°C 水浴锅上加热，杯内缓缓通入氮气或空气流，蒸发近干，加入 2.0 mL 丙酮，盖上铝箔，备用。

将上述备用液完全转移至 15 mL 刻度离心管中，再用约 3 mL 丙酮分 3 次冲洗烧杯，并转移至离心管，最后定容至 5.0 mL，在旋涡混合器上混匀，分别移入两个 2 mL 自动进样器样品瓶中，供色谱测定。如定容后的样品溶液过于混浊，应用 0.2 μm 滤膜过滤后再进行测定。

4. 测定

（1）色谱测定条件

有机氯农药：色谱柱 HP-1（30 m×0.25 mm× 0.25 μm）；进样口温度：200 ℃；检测器温度：320 ℃；柱温：程序升温，初始温度 150 ℃，保持 2 min，升温速率 6 ℃/min，到 270 ℃ 保持 23 min；载气：氮气，流速为 1 mL/min；辅助气：氮气，流速为 60 mL/min。

有机磷农药：色谱柱 HP-50（30 m×0.53 mm× 1.0 μm）；进样口温度：220 ℃；检测器温度：250 ℃；柱温：程序升温，初始温度 150 ℃，保持 2 min，升温速率 8 ℃/min，到 250 ℃ 保持 12 min；载气：氮气，流速为 10 mL/min；燃气：氢气，流速为 7 510 mL/min；助燃气：空气，流速为

100 mL/min。

（2）色谱分析

由自动进样器分别吸取 1.0 μL 标准混合溶液和净化后的样品溶液注入色谱仪中，以保留时间进行定性，外标法用峰面积进行定量。

（四）结果

1. 定性分析

双柱测得样品溶液中未知组分的保留时间（RT）分别与标准溶液在同一色谱柱上的保留时间（RT）相比较，如果样品溶液中某组分的两组保留时间与标准溶液中某一农药的两组保留时间相差都在 ±0.05 min 内的可认定为该农药。

2. 定量结果计算

试样中被测农药残留量以质量分数 X 计，单位以毫克每千克（mg/kg）表示，计算公式如下。

$$X = \frac{c \times A \times V_1 \times V_3}{A_S \times V_2 \times m}$$

式中，X 为样品农药含量（mg/kg）；V_1 为提取溶剂乙腈的体积（50 mL）；V_2 为用于检测的乙腈体积（10 mL）；A 为样品溶液中被测农药的峰面积；A_S 为农药标准溶液中被测农药的峰面积；V_3 为样品溶液定容体积（5 mL）；m 为样品质量（25 mg）；c 为农药标液的质量浓度（mg/L）。

计算结果保留两位有效数字，当结果大于 1 mg/kg 时保留 3 位有效数字。

参考文献

蔡建荣，张东升，赵晓联，2002. 食品中有机磷农药残留的几种检测方法比较 [J]. 中国卫生检验杂志，12（6）：750-752.

柴丽月，常卫民，陈树兵，等，2006. 食品中农药残留分析技术研究 [J]. 食品科学，27（7）：238-242.

胡支向，黄阳成，翁春英，等，2015. 气相色谱双柱双检测器法同时测定蔬菜水果中有机磷农药多残留的应用研究 [J]. 广西农学报，30（4）：41-44.

农业部环境质量监督检验测试中心（天津），2008. 蔬菜水果中有机磷、有机氯、拟除虫菊酯和氨基甲酸酯类农药多残留的测定：NY/T 761—2008［S］. 北京：中国农业出版社.

薛丽，刘敏，孙茜，等，2014. 蔬菜水果中有机氯和拟除虫菊酯类农药残留检测前处理方法的技术探讨［J］. 粮油加工（6）：78-83.

薛丽，王尚君，张卫东，等，2022. 双柱双检测器气相色谱法测定蔬菜水果中8种有机磷农药残留量［J］. 农药，61（3）：208-211.